食虫植物

〔英〕查尔斯·达尔文 著　王媛媛 编译

中国妇女出版社

图书在版编目（CIP）数据

食虫植物 /（英）查尔斯 · 达尔文著 ；王媛媛编译
. -- 北京 ：中国妇女出版社，2021.7（2024.3 重印）
（小达尔文自然科学馆）
ISBN 978-7-5127-1989-7

Ⅰ. ①食… Ⅱ. ①查… ②王… Ⅲ. ①驱虫－植物－青少年读物 Ⅳ. ① Q949.96-49

中国版本图书馆 CIP 数据核字（2021）第 098970 号

食虫植物

作　　者：〔英〕查尔斯 · 达尔文 著　王媛媛 编译
责任编辑：王　琳
封面设计：季晨设计工作室
责任印制：李志国
出版发行：中国妇女出版社
地　　址：北京市东城区史家胡同甲 24 号　　邮政编码：100010
电　　话：（010）65133160（发行部）　　65133161（邮购）
网　　址：www.womenbooks.cn
法律顾问：北京市道可特律师事务所
经　　销：各地新华书店
印　　刷：天津旭丰源印刷有限公司
开　　本：170×235　1/16
印　　张：14
字　　数：180 千字
版　　次：2021 年 7 月第 1 版
印　　次：2024 年 3 月第 2 次
书　　号：ISBN 978-7-5127-1989-7
定　　价：59.80 元

版权所有 · 侵权必究　（如有印装错误，请与发行部联系）

编者的话

英国博物学家达尔文之所以为广大读者熟知，主要是因为中学的生物课本中会出现关于他的介绍与理论。换句话说，大家都认识达尔文，知道他是英国人，提出过“自然选择”理论，甚至知道其理论的核心，即“物竞天择，适者生存”。可大家也许并不清楚，这条理论究竟讲的是什么。

很多人都有这样的疑问：既然物种是不断进化的，那么猴子哪一天会变成人？或者科幻电影《人猿星球》里的故事，有没有可能变成现实？回答这些问题，我们要先来看看物种为什么会进化。

进化的确是不断进行的，且目的通常只有一个——使种群延续。但值得大家注意的是，这并不意味着物种必须进化出智能。每个物种在自然界都有属于自己的位置，即它们生活在一定的环境中，处于食物链的某一环，以其他生物为生，也是其他生物生存的条件。生物间相互作用，环境不断变化，为了生存，进化必然发生，但只要种群数量能维持良性发展，保证延续，那么就可以说这个物种即使没有智能，也很好地适应了环境。

这就是达尔文在《物种起源》（可参考“小达尔文自然科学馆”丛书之《物种起源》）中所阐述的主要观点。因此，猴子只要能使种群延续下去，就不需要承担遗传变异的风险来进化出智能——这对于种群的延续反而是不利的。

之所以在开篇就介绍达尔文的“自然选择”，是因为《食虫植物》一书表面是在探讨食虫植物的奇特之处，实则包含了物种进化的内容。达尔文在研究食虫植物的同时，既运用进化理论解释了一些现象，又通过食虫植物的特性验证了进化理论的真实性。因此，在阅读这本书时，读者首先需要了解自然选择学说，理解进化论，才能体验到本书的乐趣。

不可否认，达尔文的理论观点曾引起了许多争议。进化论一出，便受到当时各界的质疑，甚至有人丑化达尔文，将他画成一只猴子，讽刺他的理论。即便如此，通读达尔文的作品，你就会发现一代名家严谨的科学态度和求真务实的科学作风。我们从他的作品中，可以提炼出一条完整的研究路线：偶然发现—理论假设—设计实验求证—得出结论。这其中还渗透着达尔文细致的观察、不辍的探究、不厌其烦的求证，以及与其他人的反复讨论。难怪在当时落后的研究水平下，达尔文仍取得了世界瞩目的成就。

本书节选了《食虫植物》中的精华部分，主要关注植物的捕虫能力、消化吸收能力和运动能力等，最后还介绍了一些具有特色的食虫植物种类。为了便于读者理解，书中还配有插图和知识小板块。希望读者在阅读本书时，除了认识和了解食虫植物特性，还能够学习达尔文的科研精神和研究方式。

让我们不断超越前人的成就，在时代之河里乘风破浪，创造出自己的辉煌！

目　录　Contents

Chapter 1　圆叶茅膏菜

Chapter 2　与固体物质接触引发的触毛运动

Chapter 3　触毛细胞内原生质的聚集

Chapter 4 叶片的热效应

Chapter 5 不含氮和含氮的有机液体对叶片的影响

Chapter 6 茅膏菜分泌液的消化作用

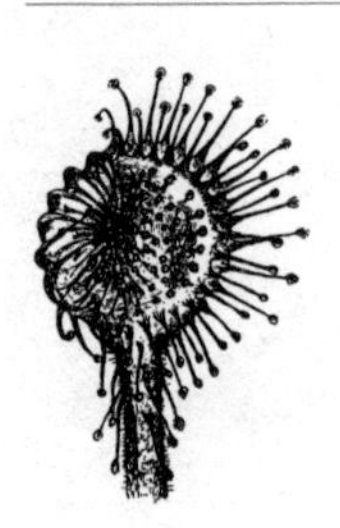

Chapter 7 叶的敏感性和运动冲动的传导途径

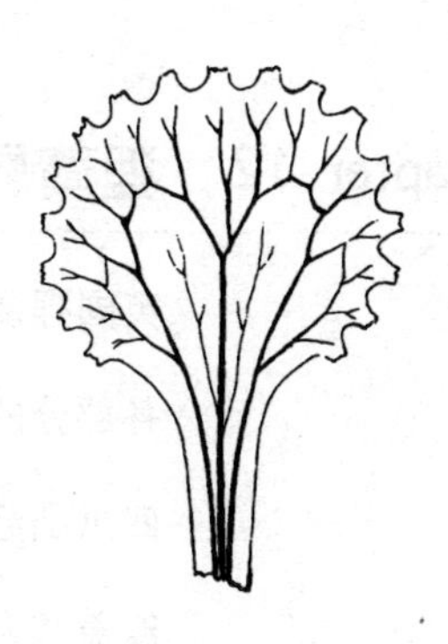

Chapter 11 捕虫堇属

Chapter 12 狸藻属

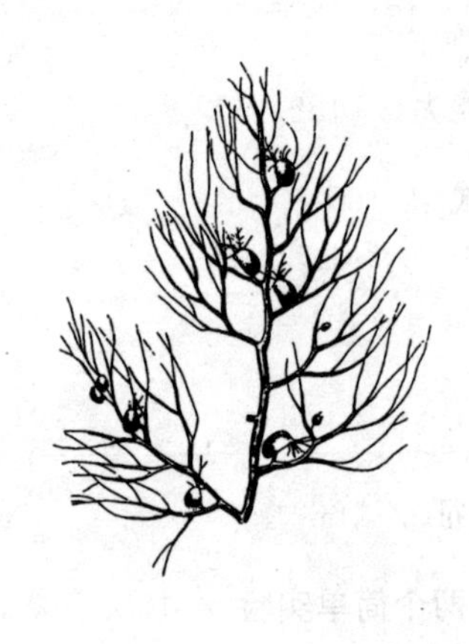

Chapter 1

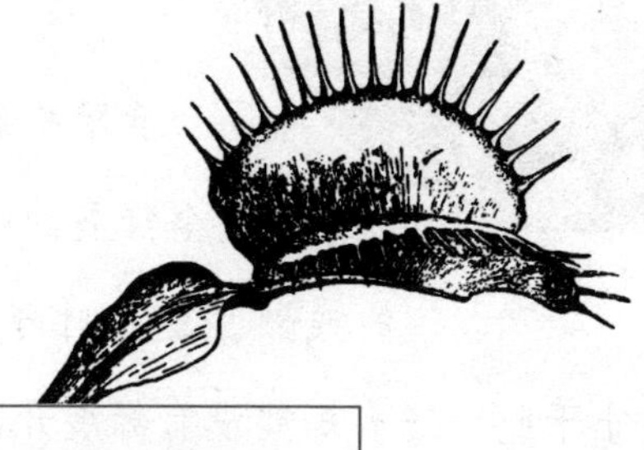

圆叶茅膏菜

位于英格兰东南部沿海。

1860年夏天，我在萨塞克斯的荆棘丛中看到圆叶茅膏菜（*Drosera rotundifolia*）抓住了无数只虫子，这让我非常惊讶。我听说过植物能捕捉昆虫，但并不清楚相关研究的详细进展。

我随机选择了12株植物，采摘了56片完全舒展的叶子，其中31片叶子上有昆虫的残骸。这些叶子曾捕到的虫子数量也许远不止于此，还有那些没有舒展开的叶子，以后也能捉住更多的虫子。在其中一株植物上，所有6片叶子都捉到过虫子；在另外几株植物上，许多叶子捉到了不止一只虫子；在一片稍大点的叶子上，居然有13只不同虫子的遗骸。被捉住的昆虫中，蝇类昆虫远多于其他种类。我见到的最大的昆虫是一种小型蝴蝶；有人也看到过两片叶子紧紧地夹住一只活的蜻蜓。

在某些地方，这种植物极其常见，也捕猎了不计其数的昆虫。很多植物都能让昆虫死亡，比如欧洲七叶树（*Aesculus hippocastanum*）具有黏液的芽，但根据现有的知识，这些植物不能从昆虫的死亡中得到任何益处。我很快就认识到，茅膏菜捕捉昆虫有特殊目的，并且已经适应了这一特殊性，所以这个课题值得深入研究。

这里先将具有巨大意义的研究结果进行简要说明：

- 植株触毛的运动表明，对于压力小且剂量小的某些含氮溶液来说，腺体具有极高的敏感性；
- 叶片能够溶解或者消化含氮物质，并加以吸收；
- 腺体被刺激之后，触毛细胞内部产生了多种变化。

圆叶茅膏菜

我先简单地概括一下这种植物。圆叶茅膏菜植株一般长有两三片叶子，最多五六片，多数横向舒展，少数竖向生长。叶片的形态及外观奇特，上表面布满长有腺体的长丝条，根据其动作方式，我称之为“触毛”（tentacles）。我曾计算过31片叶子（大部分都是超大的叶片）上面生长的腺体，最多的一片叶子有260条，最少的有130条，平均为192条。每条腺体的表面都覆盖着黏稠的

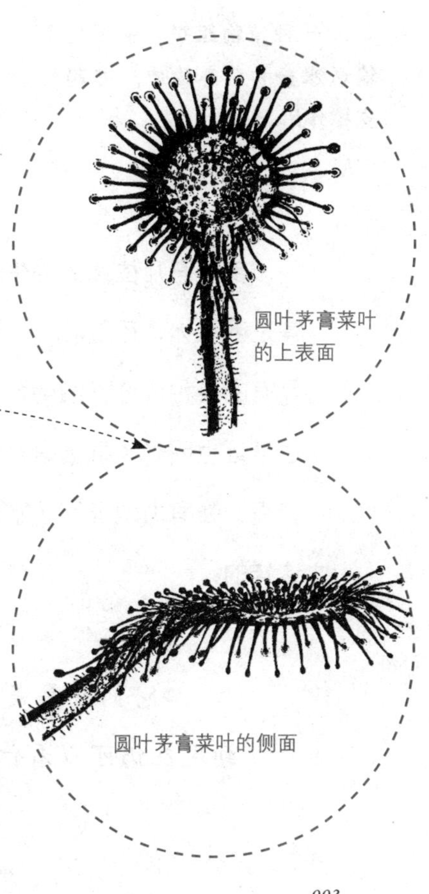
圆叶茅膏菜叶的上表面

圆叶茅膏菜叶的侧面

分泌液，被太阳照射时，会发出亮晶晶的光，因而这种植物有个极具诗意的俗称——“日露草”。

叶子中间的触毛短小、直立，毛柄呈绿色。越靠近叶子的边缘，触毛越长，也越向水平倾斜，毛柄呈紫色。叶柄的基部也有少量的触毛，有的长度可达0.635厘米。在一片生长了252条触毛的叶子上，中央的绿色短毛和边缘的紫色长毛的数量比为9：16。

触毛下半部分是一条状如细丝的毛柄，顶端是腺体。毛柄略扁平，由几组长方形的细胞构成；细胞里满是紫色液体，或者颗粒状物质。不过，在一些长触毛中，与腺体相连的一段毛柄更加狭窄，靠近基部的一段更加宽大，但两段都呈绿色。触毛中还有一些螺纹导管，伴随着简单的维管组织，从维管束中分离出来，沿着主柄抵达腺体。

一种植物组织，主要负责输送水分和营养物质，并起到支撑作用。

曾经有几位优秀的生理学家讨论过这些触毛的同源性，想确认它们究竟是毛状体，还是叶片的延伸物。尼奇克博士曾指出，触毛含有叶片应该具有的各种成分（触毛含有维管组织，过去被当作叶片延伸物的证据，不过最近也明确了导管有时候会延伸到毛状体）；而且，它们能够运动这一特点，强有力地证明了不应把它们当作毛状体。我认为最有可能的结论是这样的：

- **它们最早是腺毛或者表皮形成物，顶端的部分直到现在仍可以看作此类物质；**

- 能动的基部可能是叶片的延伸物；
- 螺纹导管从基部直达触毛的顶端。

除了最边缘的触毛，其余触毛上的腺体都呈卵圆形，大小差不多，约为0.2毫米。这些腺体可以分泌和吸收物质，对多种刺激剂量有反应，有着特殊结构和复杂的功能。腺体最外层是多角细胞，体积小，内含紫色颗粒或液体，细胞壁厚于毛柄细胞。其内部是一圈形状不规则的细胞，也含有紫色液体，但颜色稍有不同，两者对氯化金的反应也不同。中心区域有一群长度不一的长柱形细胞，上端钝尖，下端为平面或圆形。这些细胞紧密连接，每个上面都有一条纤维，呈螺旋状缠绕。其中含有很多透明液体，但被酒精长时间浸泡后，会出现很多褐色沉淀物。据此可以推测，这些细纤维是毛柄中螺纹管的分枝，但具体的作用还未查明。

边缘触毛和其他触毛不太一样，基部宽阔，并且有3根导管，其中2根从两侧由叶片延伸而来，非常纤细。长长的腺体嵌在毛柄上层，而不是长在毛柄的顶端。这些边缘触毛感觉迟钝，当叶片中央受到刺激时，它们会比其他地方的触毛兴奋得晚。但将叶片剪下，浸泡在水中，只有边缘触毛会发生卷曲。

腺体内部的紫色液体或者颗粒状物质，与毛柄细胞内的稍有不同。假如把一片叶子泡在热水或者酸性溶液中，腺体颜色会变白且混浊，毛柄细胞除了腺体下方的，其他都变成了血红色。叶片的正面、背面和触毛毛柄，特别是边缘触毛的侧面下方，以及叶柄上都长着许多小乳突（毛类或者毛状体），基部呈圆锥形，顶端分为2个细胞，偶尔也有3个或者4个圆形细胞，富有原生质。这些小乳突多半无色，偶尔含有少量紫色液体；不分泌液体，但液体很容易渗透进去。我曾多次观察过它们的生长，它们最后都长成了长方形的、多细胞的触毛。

捕虫时叶片各处的动作和捕虫方式

在叶片中间的腺体上，放置一个极小的有机物或者无机物，腺体会产生向边缘触毛传递运动的冲动。靠近物体的触毛会最先产生反应，缓慢地向中间卷曲；然后，远一点的触毛也产生了反应；最后所有触毛都卷起来，裹住这个物体。此过程短则需要1小时，长则需要四五小时以上。

时间长短主要看：

- 物体的大小和性质，以及是否含有可溶性物质；
- 叶片的健康状况及成熟程度，近期是否有过刺激；
- 当天的温度。

比起死昆虫，一只活昆虫会引发触毛更明显的运动，因为其挣扎时会碰触更多触毛。某些外壳软硬适度的蝇类昆虫，体液中的动物性物质更容易经过薄壳渗透到周围黏稠的植物分泌物中，所以与外壳坚硬的昆虫相比，它们更能引发触毛长时间的卷曲。这种卷曲，无论有没有光照条件，都可以进行。黑暗的环境几乎不会对这种植物产生任何影响。

叶盘上的腺体在遭遇反复碰触或者擦拭时，即便没有任何物质落在叶子上，边缘触毛也会发生向内卷曲的现象。水溶液，比如，唾液或者任何铵盐溶液落到中央腺体上，不到半小时就能看到相同的结果。

触毛卷曲时的动作范围很大：

- **一条与叶片处于同一平面的边缘触毛，会发生180°的弯折；**
- **原本向外弯折的触毛几乎反转，运动的角度大于270°，但实际发生弯曲的部分仅限于靠近基部的一小段。**

超长的边缘触毛，可弯曲的部分相对较长，不过在任何情况下远离基部的一端始终保持平直。叶片中央短小的触毛受到直接的刺激时，不会发生卷曲；然而，在受到远距离的触毛传导过来的刺激时，会发生卷曲。浸泡在生肉溶液或者稀铵盐溶液（浓度不要太高，否则会让叶片麻痹）的叶片，外缘的触毛向内卷曲，靠近中央的触毛则保持不动；如果叶片的侧面放了一个容易引起兴奋的物体，那么靠近中央的触毛也会发生卷曲。所有触毛都向中心卷曲时，围绕叶心的腺体形成了一个深色的圆圈，这是因为触毛越靠近边缘长得越长，它们都卷曲时会形成一个同心圆。

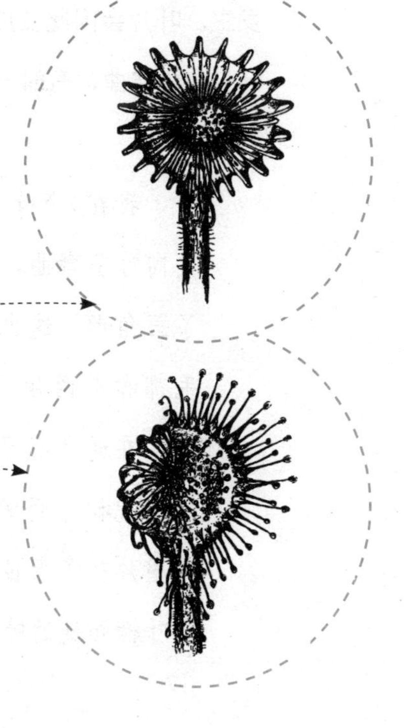

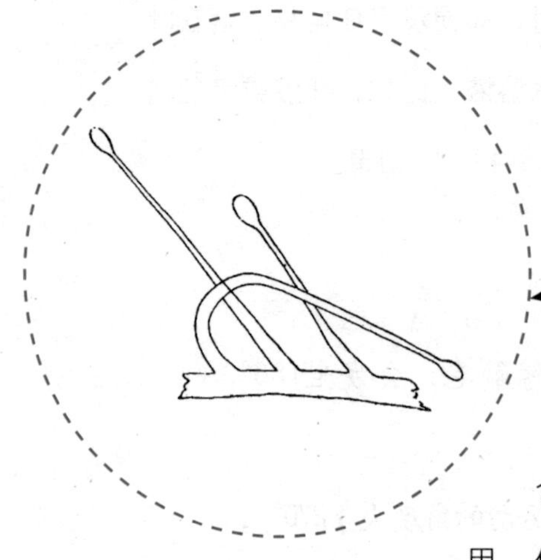

下面用一条超长的边缘触毛腺体在受到刺激时的表现，来概括触毛的卷曲过程（附近的触毛不受任何影响）。在一条触毛的腺体上放一块小肉屑后，触毛就会向叶片中央卷曲，旁边的两条都保持不动。

假如作用于叶片的物体不太小，或者含有可溶性氮化物，它会对中心腺体产生作用，使之产生向边缘触毛传导运动的冲动，从而使受影响的触毛向内弯曲。把能引发强兴奋的物体或者液体放在叶片中央时，不仅触毛会弯曲，叶片本身有时也会向内卷曲，虽然这种情况不经常发生。叶片会因此变成一个小杯子。叶片弯曲的方式不尽相同，有时只有叶尖向内弯曲，有时一侧发生弯曲，有时两侧全部弯曲。

我在3个叶片上分别放了一小块煮熟的鸡蛋，第一片叶尖向叶基弯曲；第二片两侧外缘向内弯曲，整片叶子弯曲成了三角形，这也许是最常见的反应；第三片叶子虽然所有触毛都和前两片一样发生弯曲，但是整片叶子并没有发生变化。在通常情况下，整片叶子会抬起来或者向上弯曲，这样一来就和叶柄形成一个夹角，缩短彼此的距离。这看着好像是整片叶子弯曲或者抬升，运动方式有些特殊，然而这只是和叶柄相连的叶片边缘向内弯曲造成的。

叶片上被放入物体后，触毛和叶片的卷曲所能保持的时间，取决于不同的状况，如叶片的健康状况及成熟程度，以及当天的温度。不过，最重要的是物体的性质。

我见过好多次，对于能产生可溶性氮化物的物体，触毛卷曲的时间比不能产生的物体更持久。经过1～7天的时间，触毛和叶片重新舒展开，可以随便活动。我曾经见过，同一片叶子连着3次向叶片中央的昆虫卷曲，也许它还能重复更多次。

腺体的分泌物十分黏稠，甚至可以拉成细丝。分泌物看上去无色，却可以把小纸片染成淡淡的红色。我认为，把任何物体放在腺体上，都能使之分泌出更多的东西；然而，物体本身也会渗出液体，所以无法确定腺体是否增加了分泌量。对于某些物体，腺体会产生明显的反应：

●糖豆，但这也许是糖豆中水分的外渗；

●碳酸铵、硝酸铵和其他盐类，如硫酸锌等；

●浸泡在氯化金或其他盐类与水的配比为1：437的溶液中，腺体也会兴奋，并分泌出许多液体，但并不是所有的酸都能引发同样的反应；

●浸泡在酸类与水的配比为1：437的液体中，腺体会产生同样的分泌物，而且从溶液中取出叶片时，还会拉起一条黏稠的液体线，但并不是所有的酸都能引发同样的反应。

分泌物的增多不一定是因为触毛的卷曲，比如糖豆和硫酸锌粒就不会引发运动。

值得注意的是，叶片被放入肉屑或者昆虫后，叶片上的触毛足够卷曲时，腺体就会分泌大量的液体。

我选了两侧分泌物的量相似的叶片，在其中一侧放入肉屑，由此来观察情况。当侧面的触毛足够弯曲时，腺体还没有接触到肉屑，分泌物就已经非常多了。我多次遇到这种情况，记录了13次，其中9次很容易看到分泌物的增多，另外4次没有看到（这要么因为叶片处于异常迟钝的状况，要么因为放的肉屑太小，不足以引发弯曲）。

腺体在极度兴奋后，能向周围触毛的腺体传导某些兴奋，使其分泌更加顺畅。

此外，还有一个重要的事实（之后我们讨论分泌物的消化能力时，就明白这一事实的重要性了）：中央腺体受到机械刺激，或者与动物性物质接触后，触毛开始卷曲，腺体分泌物越来越多，导致其呈酸性；在腺体与放在中央的物体接触之前，这一变化就已经在进行了。这种酸性物质与叶片组织中的酸性液体不同。只要触毛一直弯曲，腺体就会分泌酸性物质；

滴入碳酸钠中和几小时之后，会重新变成酸性。

我曾仔细观察过，触毛在紧紧地卷起不容易消化的物质时，如化学合成的酪蛋白，8天后仍在分泌酸性物质；再如小碎骨头，10天后仍能分泌出酸性物质。

一种蛋白质，多见于乳制品中。

和动物的胃液一样，分泌物有一定的防腐能力。

天气热的时候，我把2块大小相同的生肉屑，一块放在茅膏菜的叶子上，另一块放在潮湿的苔藓上，这两株植物相距不远。过了48小时再来观察，苔藓上的那块肉屑已经被一大群纤毛虫占领，而且完全看不到它以前的横纹了；而茅膏菜上的那块则被分泌液包裹着，完全没有纤毛虫，能清晰地看到中央没有被溶解部分的横纹。同样，放在苔藓上的小粒熟蛋白和干酪，全都布满了霉菌丝条，外表已变色且腐坏；而放在茅膏菜叶片上的则没有发霉，只不过熟蛋白变成了透明的液体。

紧紧卷曲起来的触毛会逐渐舒展开，同时腺体的分泌也逐渐减少，或者不再分泌，变得非常干燥。此时，叶片表面裹有一层白色半纤维物质，这是溶解在分泌液中的东西。触毛再次舒展时的干燥，对植物本身有些益处，因为微风就可以吹走叶片表面的黏稠物质，使叶面变得整洁，便于再次进行运动。然而，腺体有时不会全部变得干燥，此时粘在触毛上的柔软物体，如软体昆虫等，会随着触毛的伸直而被撕成碎片。叶片舒展开后，腺体会很快恢复分泌功能，等分泌了足够多的液体时，触毛就可以捕捉新的猎物了。

> 一只昆虫落在叶片的中央，立刻被黏稠分泌物粘住，周围的触毛很快就发生弯曲，最后把它牢牢地固定住。大约10分钟后，昆虫的气道会被分泌物堵塞，窒息而死。如果一只昆虫粘在边缘触毛的腺体上，这些触毛就会卷曲起来，把猎物送给内侧触毛；内侧触毛随之向内卷曲；就这样，一股神奇的波动会把这只昆虫送到叶片的中央。再过一段时间，周围的触毛会全部卷曲起来，把分泌物覆在猎物上。微小而质轻的昆虫居然引发了这么大的反应，让人大为惊讶。

后文我还会谈到，小到某些有机物的汁液或者盐溶液，就足以引发敏感触毛的卷曲。

我不知道，昆虫之所以落在叶片上，是想歇歇脚，还是被分泌物的气味所吸引。据我观察，无论是英国本地的还是国外的茅膏菜，都可能是靠气味吸引昆虫。如果真是这样，食虫植物的叶片也算是一种充满诱饵的陷阱。如果不是因为气味，那只能说它在猎物经常往来的路途上设置了一个不带诱饵的陷阱，有点守株待兔的意思。

腺体能够吸收物质，因为滴上少量的碳酸铵，腺体马上变成暗色（细胞中的物质快速聚集而发生变色现象），而滴上另一些液体，腺体颜色会变淡。腺体具有吸收能力的最好证据，莫过于同一比例的各种含氮和不含氮的液体，滴在腺体上出现南辕北辙的结果。同样，触毛在卷曲包裹可溶性氮化物和不含氮物质时，持续的时间也不同。

茅膏菜可以从捕捉的昆虫身上吸收动物性物质，说明其能在贫瘠的泥炭土（只生长泥炭藓，因为藓类只吸收大气的营养）中生长。触毛的紫色使叶片乍一看并非绿色，然而叶片上下表面、中央触毛的毛柄、叶柄中都含有叶绿素。因此，这种植物能从空气中吸收二氧化碳，并且将之转化为能量。不过，因为其生长的土壤中氮的供应极为有限，或者完全不达标，只能从捕获的猎物中获得这一重要元素，所以我们也就可以理解为什么它们的根系不发达。它们的根只有两三条分叉，而且很细，每一细枝长12.7～25.4毫米。这种根系吸收能力有限，主要以吸收水分为主。

这里指茅膏菜可以进行光合作用。光合作用指植物利用体内的叶绿素和光中的光能，将空气中的二氧化碳和水转化成能量并释放氧气的过程。这一过程是大部分植物获取能量的方式，也是它们生存的重要前提之一。但植物的生命过程非常复杂，除了光合作用，还要依靠其他方式（如根系吸收）来获取必需物质，如氮等。

一株茅膏菜，叶片边缘向内卷曲，形成一个临时的“胃”，卷曲的触毛上的腺体分泌酸性物质，用来溶解动物性物质，而后又吸收这些物质，就如同动物进食一般。然而，和动物不同的是，它用根来吸收水分，并且要吸收大量的水分，才能整日晒在日光中，并且使多达260条腺体分泌出大量黏稠的液体。

我的实验始于1877年6月，对象为6棵普通盆栽茅膏菜。每盆都用矮小的隔板将其隔成两部分，长势不好的被选作“饲养组”，其他则被选为“饥饿组”。用轻纱把植物罩起来，防止它们自行捕食昆虫，这样它们只能通过“饲养组”获得的烤肉碎屑来获取营养，而“饥饿组”则不提供任何食物。就这样过了10天，“饲养组”和“饥饿组”之间的差异明显。“饲养组”植株颜色翠绿，触毛的红色非常明显。到了8月底，这些植物经过计算、称重、量体，得到的数据如表1所示。

表1　两组植物数据对比　　（%）

	饥饿组	饲养组
重量（不包含花梗）	100.0	121.5
花梗数	100.0	164.9
茎重	100.0	231.9
荚数	100.0	194.4
种子总重量	100.0	379.7
种子总数量	100.0	241.5

表中的数据表明，食虫植物从动物性食物中获益匪浅。值得注意的是，两组之间最明显的差别在生殖部分，如花梗、荚果和种子等。

我为了测试夏天植株积累的储存物质的分量，在除去花梗后，保留了3组植株，让它们过冬。“饥饿组”与“饲养组”都不提供任何食物，直到第二年4月3日称重量，“饥饿组”的平均值为100，而“饲养组”平均值为213。

虽然“饲养组”植株结的种子是“饥饿组”植株的4倍，但仍保存了丰富的营养成分。这也说明了食虫植物捕食昆虫的意义。

Chapter 2

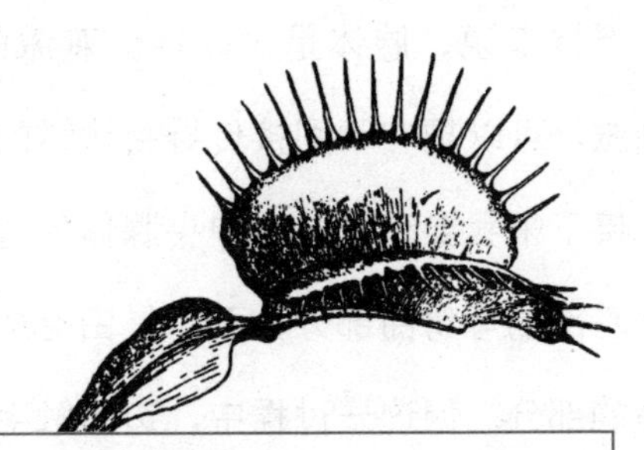

与固体物质接触引发的触毛运动

本章和后面几章将一一介绍我做过的实验，这些实验充分说明触毛经受各种刺激时发生的运动以及方式和速度。

在正常情况下，只有腺体能兴奋。腺体兴奋时，自身并不会运动，也不会改变形状，只会把运动的冲动传导给一定范围内的触毛，并以这种方式将冲动传导至叶片中央。

严格来说，腺体是可以接受刺激的。叶片中央的短触毛上的腺体受了刺激，可以把冲动间接传导给边缘的触毛，边缘的触毛因此也会产生运动。接下来我要求证，从中央腺体传过来的刺激，是直接作用于边缘触毛靠近基部的可弯曲部分，而不是由毛柄传导至腺体，再由腺体向下传导给弯曲的部分。但这一过程中，边缘触毛的腺体也会受到些影响，如分泌量增加，分泌液变成酸性。这在植物生理学上是十分罕见的，目前只在动物界中才确认了类似现象：刺激通过神经传导到腺体，以此来改变它们的分泌能力。

刺激叶片中央的腺体，可引发边缘触毛的卷曲

以下各实验的记录时间，都是从最开始给予刺激时计算。

用一支小且硬的驼鬃笔刺激叶片中央腺体后过了70分钟，部分边缘触毛会发生卷曲；5小时后，边缘内侧的触毛完全卷曲；到了第二天上午——大约22小时之后，触毛全部重新舒展开。

另一片叶子，按实验一的方式刺激后过了20分钟，就有少数触毛卷曲；在4小时内，边缘内侧的触毛完全卷曲，几条最外缘的触毛和叶缘本身也发生了卷曲；17小时后，触毛重新舒展开。这时，在叶片中央放入一只苍蝇尸体，到了第二天早上，苍蝇尸体被紧紧地包裹起来；过了5天，叶片舒展开，腺体分泌出液体，触毛恢复到之前的状态。

把小块肉屑、苍蝇尸体、碎纸屑、木屑、干苔藓、海绵、炭渣、玻璃屑等东西放在叶片上，短则1小时，长则24小时，这些东西就会被触毛包裹；不同的物体，叶片重新舒展开的时间也不同，有的一两天，有的长达7天、10天。

在一片已经闭合又舒展开的叶子上，我放入一只刚死的苍蝇；过了7小时，这只苍蝇被紧紧地裹了起来；过了21小时，叶缘也向内卷曲；过了2.5天，叶子重新舒展开。

刺激源即便都是昆虫，卷曲的时间也可能不同，这反映出叶子最近的活动状况。我让实验四的叶子休息一天之后，再次放入一只苍蝇，它又一次发生了闭合，然而速度缓慢，用了差不多2天的时间才完全裹住了那只苍蝇。

假如把一个东西放在叶片的一侧，尽量靠边缘一些，那么这一侧的触毛会首先卷曲起来，另一侧则反应迟缓，一般不会发生卷曲。我曾用小块肉屑反复实验过，这里只引用一个例子。

一只活着的苍蝇被叶片捕捉到，纤细的脚被粘在叶片中央靠左的腺体上。同侧的边缘触毛向内卷曲，把苍蝇杀死。很快，这一侧的叶缘也向内卷曲，并维持了几日。然而，另一侧的触毛和叶缘都没有任何反应。

假如实验对象是稚嫩、生机勃勃的叶片，在中央腺体上放下与大头针针头大小的无机物，可能也会引起边缘触毛向内卷曲。但如果所放物体含有可以被分泌液消化的任何含氮物质，那么一定会引发快速的运动。我举两个例子来说明。

在几片叶子的中央放入苍蝇，另几片叶子上放入小纸片、干苔藓和鹅毛笔碎屑，大小和苍蝇类似。几小时内，苍蝇被触毛缠住；25小时后，放入其他物质的叶片上只有少数触毛发生了弯曲。从叶片上把小纸片、干苔藓和鹅毛笔碎屑拿走，另外放上小块肉屑，所有触毛很快就发生了卷曲。

在3片叶子上放入煤灰颗粒（比实验六的苍蝇略重），19小时后，一颗被紧紧缠住，一颗引发了几条触毛的卷曲，另一颗则没有。我拿走后面2片叶子上的煤灰颗粒，放入刚死的苍蝇。过了7小时30分钟，苍蝇被紧紧地缠住；过了20小时30分钟，苍蝇被完全裹起来；触毛卷曲了很多天。原先19小时后缠住煤灰的那片叶子没有放苍蝇，它在33小时（即放入煤灰颗粒的52小时）后已经完全舒展开，并重新开始运动。

与能产生可吸收物的有机物相比，无机物或者不受分泌物影响的有机物作用于叶子的速度缓慢，而且影响也要小得多。

物体与边缘触毛的腺体直接接触可引发卷曲

我曾经做过许多实验，都是先用蒸馏水润湿细针的针头，再在放大镜的帮助下，用针头将各种固体颗粒放在边缘触毛腺体周围的黏稠分泌物上。这些腺体包括卵圆形和长方形两种。

在单独一条腺体上放东西时，相比其他静止的触毛，这条腺体所在触毛会发生明显的运动。有4次，小块肉屑在五六分钟内引发了触毛的强烈卷曲。

按同样的方法处理另外一条触毛，仔细观察，10秒后，它的位置发生了小幅度变化——这是我观察到的最快的运动了。过了2分30秒，它弯曲了45°。从放大镜中看到，这条触毛的运动轨迹和时钟的指针非常相似。过了5分钟，它弯曲了90°；过了10分钟，它已弯曲到叶片中央。这也就意味着，在不到17分30秒的时间里，运动已经完成了。过了几小时，这块小肉屑已和几条中央腺体接触，并使周围一些触毛发生卷曲。

有4条边缘触毛凸出于叶片边缘，将苍蝇的碎屑分别放在它们的腺体上，其中3块碎屑在35分钟后移动了180°，挪到了叶片中央。第四条触毛上的碎屑过小，过了3小时才到达中央。又做了3次类似的实验，过了1小时30分钟，苍蝇的碎屑也全部挪到了叶片中央。在这7个例子中，苍蝇碎屑被一条触毛搬到中央的腺体上以后，在4～10小时内全都被触毛紧紧缠住。

在6片（来自不同植株）叶子的6条边缘触毛腺体上放6张小纸片（用镊子夹着，不能与手指接触）。过了1小时，其中的3张纸片已被挪到了叶片中央；过了4小时多一点，另外3张纸片也到达了叶片中央；可是，过了24小时，6张纸片中只有2张被触毛紧紧裹住。这也许是由于分泌液溶解了纸团中少量的皮胶或动物性物质。

在4条边缘触毛腺体上放4粒煤灰。过了3小时40分钟，有一粒到达了叶片中央；过了9小时，第二粒到达中央；近24小时，第三粒才到达，且在前9小时里，它没有挪动地方；过了24小时，第四粒并没有挪动多少，之后也没再动过。已经抵达叶片中央的3粒煤灰，只有一粒被许多触毛缠绕。

煤灰或小纸片即便被触毛送到了叶片中央的腺体上，在引发触毛运动的方式上，也和苍蝇碎屑大相径庭。

我还用其他许多固体做过相似的实验，如蓝白色的玻璃屑、软木屑、小片的金箔等，但是没有详细记下它们的运动时间；触毛到达叶片中央，或者稍微挪动，或者压根没动的案例也都存在，而且每种情况都稍有不同。

另外，在极少数情况下，通过放大镜能看到一个极小的颗粒会使触毛缓慢地挪动一点，然后停下来。这种情况多出现在碎屑过于微小（尺寸远比下文所列数据小得多）的时候；这种尺寸应该是触发触毛运动的下限。

我十分好奇，到底多小的碎屑能引发触毛的运动呢？于是，我拜托特伦哈姆·历克斯先生帮我称重。在杰明街实验室最好的一架天平上，我们称量了吸水纸条、细棉线、女人头发丝的重量。然后，从称量过的东西上切下一小段，再量出它们的长度，以便计算它们的重量。最后，小心翼翼地用针头把它们放在边缘触毛腺体黏稠的分泌液上，并保证针头不接触到腺体。

把一小片吸水纸（重约0.15毫克）放在3条腺体上，3条触毛都向内弯曲；假如这点重量平均分配给每条腺体，那么每条腺体承受了约0.05毫克的重量。

将5小段细棉线放到腺体上，触毛也会运动。其中，最短的一段长约0.5毫米，重约0.008毫克。过了1小时30分钟，它才使触毛大幅度地卷曲起来；又过了10分钟，它被挪到了叶片中央。

取女人头发丝较细的一头，分成2小段，一段长约0.45毫米，重约0.0018毫克，另一段长约0.48毫米，比第一段稍微重一点，2段同时放在一片叶子两侧的2条腺体上。过了1小时10分钟，2条触毛都向叶片中央弯曲，叶片上的其他触毛则毫无反应。这片叶子的情况，足以证明这些细微的碎屑能够引发触毛的弯曲。

我又找了10段类似细小的头发丝，放在不同叶片的10条腺体上，其中有7段引发了触毛的明显弯曲。最小的一段，长约0.2毫米，重约0.0008毫克，也引发了运动。

在这些实验中，触毛的卷曲非常明显，触毛细胞中的紫色液体聚集成原生质团。这种聚集颇为显著，以至于我能够将此作为一种标记，在显微镜下从同一叶片的无数条触毛中，认出那条把微粒运送到叶片中央的触毛。

令我好奇的，不只是导致运动的微粒如此之小，还有它们是如何作用于腺体的。因为我只是将它们搁在分泌液上，并没有碰到腺体。这些微粒不会是以重量起作用的，因为比它们重多倍的小水滴被反复滴加到分泌液上，从不引发反应；也不是分泌液受了扰动，因为用针从分泌液珠中拉出长丝来，固定在近旁物体上若干小时，触毛也不会运动。

用吸水纸尖角小心地吸走4条腺体的分泌液，让它们暴露在空气中，并未引起运动；24小时后，将小块肉屑放到上面，腺体所在触毛都迅速地卷曲了。

在黑暗中，借助十分微弱的灯光，我尽快在12条腺体上搁了软木屑、玻璃屑，在另一些上搁了肉屑，然后马上遮光，不让任何一线光照射这些腺体；第二天早上

（过了13小时），所有颗粒都被搬到了叶片中心。

在分泌液上搁上一些颗粒（干软木屑、棉纱、吸水纸、煤灰等），尽可能仔细观察它们能否穿透分泌液与腺体表面接触。由于分泌液有一定的重量，腺体下面的液层总是厚于上面。只要几分钟，这些颗粒所吸收的分泌液的量就比我想象的多得多。它们会沉到分泌液的下层，最终与腺体上某些点发生接触。对于那些吸收性较差的微粒，如玻璃屑和头发丝，会逐渐被分泌液覆盖并拉往腺体侧面或下面。因此，这些微粒的一端或某个棱角迟早也会和腺体接触。

不含可溶性物质的颗粒放在腺体上，常使触毛1～5分钟后开始弯曲；这是一开始颗粒便已和腺体表面接触的情形。触毛如较长时间，即半小时甚至三四小时后才开始动的，则是因为颗粒吸收了分泌液或被分泌液逐渐包裹，导致与腺体相触过程较为缓慢。如果触毛根本不动，则是颗粒不能与腺体接触，或触毛本身不活动。要引发运动，颗粒必须确实压在腺体上，因为任何硬的物体只反复接触腺体两三次，还不能引起运动。

反复触动边缘触毛可引起卷曲

叶片的中央腺体感受到轻微触动后，能向周围的触毛传导一种运动冲动，使其发生弯曲。那么，边缘触毛腺体感受到触动后，会发生哪些反应呢？

用针头或细毛触动多条腺体，每条腺体触动一次，施加的力能使整条触毛弯曲，这显然要比上述实验用的碎屑施加的力大得多，然而却没有一条触毛发生运动。

用针头和硬鬃反复触动11片叶子上的45条腺体。触动的速度快，所用的力气也大，足以使触毛弯曲，然而只有6条触毛发生运动，其中3条反应明显，另外3条不明显。为了检测那些没有动的触毛在生理上是否依旧活跃，在其中10条的腺体上放上肉屑，它们很快就会大幅度地向内弯曲。

用针头或尖锐玻璃片以相同的力量同时拨动多条腺体4次、5次、6次，多数触毛会弯曲，但是每条触毛弯

曲的程度不同，看上去非常混乱。有一次，我用上述方式拨动3条腺体，它们都非常敏感，很快就和放肉屑一样引发了触毛卷曲。还有一次，我用力拨动所有腺体，结果一条触毛都不动；然而，同样的腺体，经过几小时后，用针头触动四五次，很快就有几条触毛开始卷曲。

对植物来说，触动一次或者两三次不引起触毛的运动，应该是有益无害的。遇到狂风暴雨的天气，它们附近的其他植物或者高大草类的叶子，偶然间碰到腺体等情况无法避免。要是触毛因此产生运动，就会导致不利情况的发生。因为触毛再次舒展开需要很长时间，而没有舒展开，就不能捕捉猎物。反过来说，对微小压力异常敏感也是有利的。在前面我们曾经介绍过，一只昆虫纤细的脚压着两三条腺体，就足以使腺体所在的触毛向内弯曲，从而把昆虫送至叶片中央，周围的触毛再紧紧缠住虫体。然而，植物的运动并非完美，经常会发生这样的事：一点干苔藓、泥炭或者其他渣滓被风吹落到叶片表面，触毛也会紧紧地缠住它们。不过，触毛很快就会发现自己的失误，释放这些毫无营养的东西。

还有一个值得注意的情况：不管是天然还是人为洒水，水珠从高处落下，并不会引发触毛的运动。要是每次下雨的水滴都能引发触毛卷曲，这对植物来说也是不好的。由于腺体对水滴的触动不敏感，对持续的压力也不敏感，或者说只对固体产生反应，所以就避免了这种不利局面。

在靠近腺体的下方，用锋利的剪刀把它剪断，触毛就会弯曲。我早就知道触毛的其他部分对任何刺激都不敏感，所以这个事实让我惊讶，并反复用实验验证。这个被剪去腺体的触毛，没过多久就舒展开。我曾经偶然成功地用镊子弄碎了腺体，而没有使触毛发生卷曲。触毛似乎麻痹了，和浓度高的盐溶液以及高温引起的麻痹有些类似，而浓度低的盐溶液与稍高的温度都能引发运动。在以下几章中，我会谈到某些液体、含氮物质等引发的卷曲。

Chapter 3

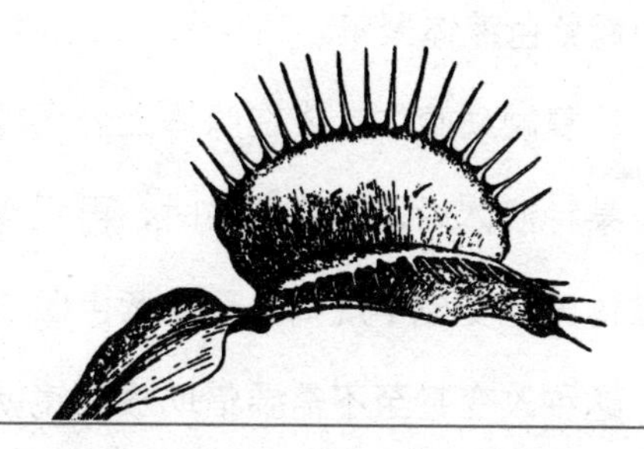

触毛细胞内原生质的聚集

本章主要讨论原生质聚集现象。我选择了一条刚成熟的触毛，并确保其从没有卷曲或兴奋过。经过观察可知，其中毛柄细胞内均匀分布着紫色液体，紧贴细胞壁有一层无色原生质来回流动着。这层原生质在里面的紫色液体聚集时会变得格外明显。压破触毛，里面的紫色液体黏稠，含有絮状物和颗粒，不溶于水。但这也许是由挤压导致的，因为触毛一旦受压就会引起紫色液体聚集。

反复触动腺体，或在腺体上分别放上无机物、有机物，又或者腺体吸收了某种液体后，静待几小时，再观察触毛，发现其内容物已经改变：紫色液体已经变成不规则外形的紫色团块，漂浮在无色或近似无色的原生质中。这种改变甚至不需要借助放大镜就可以看出来，因此也可以用它来判断一条触毛是否正处于兴奋状态。

在中央腺体受到刺激，且引发边缘触毛卷曲时，也可以看到其中的紫色液体成团，尽管边缘触毛上的腺体没有直接受到刺激。但有时触毛没有发生卷曲，也依然可以观察到紫色液体成团现象。

无论哪种情况引发的成团现象，都是先由腺体开始，逐渐往下传导至触毛。而触毛伸展开时，成团的紫色原生质恢复成均匀、透光的液体，变化传导方向则与聚集时完全相反。

聚集后的紫色原生质团块由黏稠浓厚的物质组成，其中边缘触毛内的呈紫色，而中央触毛内的则带一点绿色。这些团块总在运动，不断聚集和分离，也会移动。

我曾观察了几小时这种运动，并绘制了简略的草图（见P33）。我每隔2~3分钟就观察一次，一共记录了8次。A是细胞最开始的样子，里面有两个团块；B中，两个团块分开了；C中，它们完全结合在一起；D中，一端出现了一个小圆凸出，这也是团块运动过程中最常见的情况；E中，上端的小球迅速变大，下端完全脱离出一个小球；F中，上端的小球被吸收。

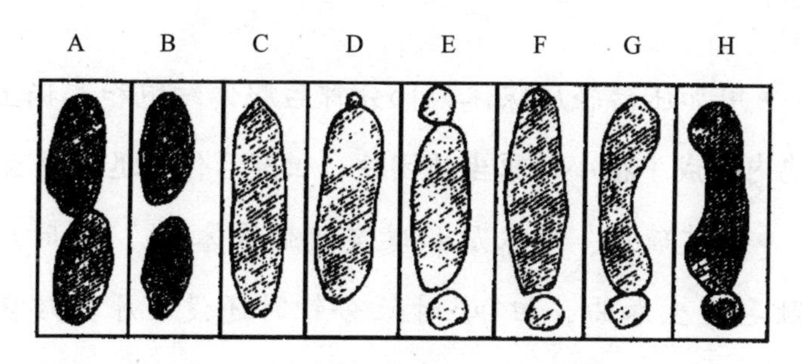

圆叶茅膏菜叶的原生质团块运动示意图一

我又进行了一次观察，这次在取出触毛细胞后没有用水封装，而是直接观察，这样就可以判断团块的运动是否受水影响。我仍观察了8次，共用时15分钟，并绘了图。由下图可知，团块与前一次有很大不同。这一次，细胞底端有一个带短柄的小团块，上半部分有一个大很多的团块。这两个团块看着似乎彼此分离，实则连着一条几不可见的细原生质丝。这种细丝有时也会断裂，导致团块末端快速形成纺锤状。2～8是该细胞原生质团块的其他一些运动。

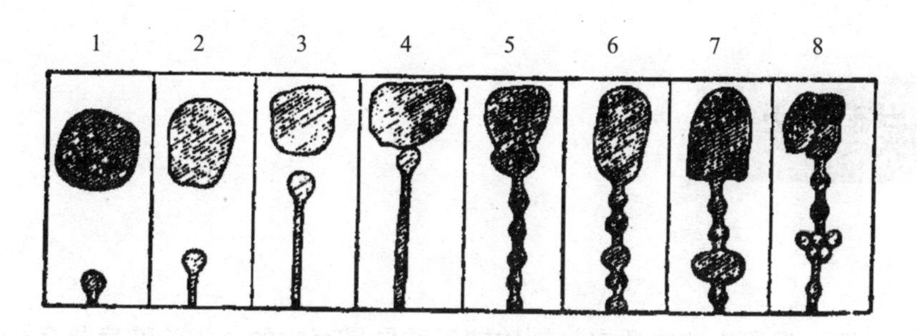

圆叶茅膏菜叶的原生质团块运动示意图二

这些紫色原生质团块并不是自发运动，而是在那层无色或近似无色的原生质中浮动。这些运动毫无规律可循，但十分生动，令人着迷。

这其中也存在一些特例：

- 用加压器轻压腺体，15分钟后腺体细胞和毛柄上端细胞内形成了很小的原生质团块，但随后体积迅速增大。
- 将玻璃屑、软木屑和煤灰放到腺体上，1小时后所在触毛发生卷曲，但1小时35分钟时还没有原生质团块出现。8小时后，这些触毛上都出现了原生质团块，但中央触毛没有卷曲，卷曲的只有边缘触毛。这说明卷曲与团块的出现不相关。
- 从毛柄顶端将仍具有活力的腺体摘除，触毛会发生弯曲，且其中的原生质团块也会缓慢聚集。
- 用镊子快速将腺体压破，触毛既不卷曲，也不会出现原生质聚集。

碳酸铵

一切引起聚集的物质中，碳酸铵无疑是最有效的。无论浓度是多少，碳酸铵总能很快使腺体变成黑色。

我在一片叶子上滴上浓度为1：146的碳酸铵溶液（这个浓度算是比较浓的），然后用高倍显微镜观察。10秒后所有腺体变黑，13秒后黑的程度加重，1分钟后毛柄细胞内出现原生质团块。

我又反复利用不同浓度的碳酸铵进行了多种实验，并尝试改变实验步骤和环境，最后从所得结果可以推断出，**只要是深色的健康叶片，触毛细胞中的紫色液体总会先聚集成黏稠物质，形成一种囊袋。这其中包含一些小球体，整个团块会不停运动，反复分裂和聚集。**少量无色或近似无色的原生质在随后也会形成颗粒，并随着紫色大团块运动，有些还会与大团块汇集。而其余无色或近似无色的原生质依然保留了流动性，但变得极其不易观察。

原生质聚集发生的直接原因

各种可以引发触毛卷曲的刺激，多数也会引发原生质聚集，所以有些人认为卷曲是聚集的前提，但实际情况不是这样。叶片中间的短小触毛，无论浸入铵盐溶液还是含氮有机液体，都不会卷曲，可原生质却发生了聚集。与之相反，某些酸溶液会引发触毛卷曲，却从不引起原生质聚集。

值得注意的是，将有机或无机颗粒放到中央腺体上，边缘触毛就会向内卷曲，并分泌出大量酸性液体，毛柄细胞中的原生质也发生了聚集。即便边缘触毛上的腺体没有接触到任何刺激物，也会发生原生质聚集。这说明，中央腺体一定是通过某种形式将刺激传达至边缘。

这似乎表明，腺体在受到刺激后，由于分泌了大量液体，导致细胞内水分减少，使原生质变得黏稠，从而发生聚集。而且，触毛伸展时，腺体已经停止或减少分泌量，这时原生质也会重新溶解。

为了证实这一点，我将叶片放入甘油或植物性浓溶液中，腺体细胞呈失水状态并发生原生质聚集；然后将叶片移到水中，腺体细胞呈吸水状态，原生质溶解。

但分泌量与聚集程度似乎不是密切相关，这其中存在不少有意思的例子。

- 将一个糖粒放在腺体周围的分泌液上，会刺激腺体增大分泌量，其程度要远超同样大小的碳酸铵颗粒所引发的，但腺体中的原生质的聚集程度却要低很多。
- 将叶片放入纯水中，16～24小时后就会发生原生质的聚集。
- 将纯水加热至50～55℃，腺体浸入其中后，不但会失水，而且两三分钟后就会发生原生质的聚集。
- 所有原生质都发生聚集后，仍可见细胞内有一种稀薄透明的液体，证明原生质聚集不是因缺水引发的。
- 叶片除了触毛，还有一些乳突，它们同样会发生原生质聚集，但不能分泌液体。

聚集的前提是生命，也就是说细胞必须是活的且没有损伤，才能发生这种变化。而且，聚集的传导还需要氧气的支持。

●取一段触毛，滴上水封好后盖上盖玻片，再按压几下，使部分细胞被压破，内容物流出。在这堆混杂的东西上滴一小滴1：109浓度的碳酸铵溶液，过1小时再观察，发现没有破损的细胞发生了原生质聚集，并且无色或近似无色的原生质仍具有流动性，证明细胞具有活性。其他破损的细胞或流出的内容物则都没有发生聚集，且不再是紫色。这些细胞明显已经死亡，原生质也不再流动。

●把整个植株放到3.47升碳酸溶液中，45分钟后取出。取其中一片叶子，同一片未浸液体的叶子共同放到浓碳酸铵溶液中，1小时后拿出，发现在碳酸溶液中浸过的叶子发生的原生质聚集少。再将另一株植物放到上述碳酸溶液中，2小时后取出。取其中一片叶子，放到1：437浓度的碳酸铵溶液中，腺体马上变成黑色（说明吸收了铵），且原生质发生了聚集，但腺体之下的所有细胞过了3小时仍没有出现原生质的聚集。4小时15分后，紧挨腺体的部分细胞中出现了一些小颗粒，但又过了1小时30分，聚集并没有往下传递。而多次用没有在液体里浸过的叶子实验，聚集的传导都比这快得多。于是，我将一个在碳酸溶液中停留了2小时的植株放在空气中，20分钟后，叶片变回红色，说明已经吸收了氧气。这时取一片叶子放到碳酸铵溶液中，65分钟后，两三条长触毛紧挨腺体的细胞开始出现原生质聚集，3小时后聚集的细胞往下延伸了几个，整体长度已经超过腺体。由此可见，氧气在聚集传递上发挥了一定的作用。

综上所述，引起聚集的原因有：多次触碰腺体，固体颗粒的压力，齐根剪去腺体，腺体吸收某些液体或某些物体所含的物质，内容物外渗，一定的温度（在下一章详细介绍）。

聚集过程既与触毛卷曲无关，又与分泌量的增加无关。即便腺体本身未直接受到刺激，也可以因其他腺体传导过来的兴奋信号而发生聚集。聚集过程都是从触毛顶端细胞开始，逐一传递，在通过细胞壁时会短暂停顿。最终形成的团块具有运动性，外形不规律，里面不是液体，而是固体。它们会与细胞中原本就存在的一种无色或近似无色的原生质发生一定的汇合，也会在其中流动。触毛伸展开后，原生质团块也随之溶解，重新变成均匀的紫色液体。其溶解过程与聚集过程相反。

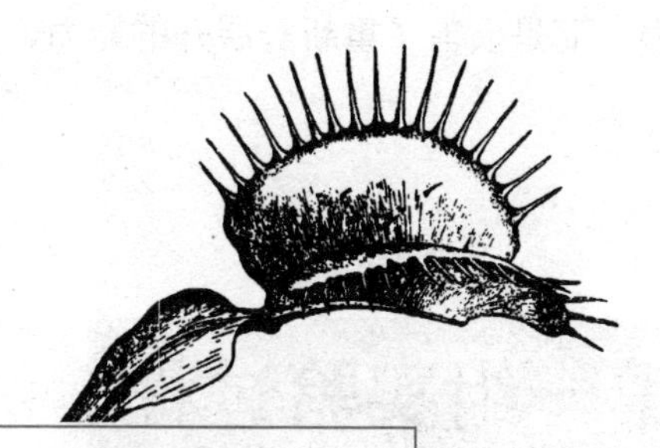

Chapter 4

叶片的热效应

我多次观察圆叶茅膏菜，在温度高的情况下，叶片对动物性物质的卷曲，好像比温度低的时候快速而持久。所以我决定弄明白，只有高温能否引发卷曲，以及哪种温度效率最高。于是又出现了一个值得好好研究的问题：导致生命消失的温度。茅膏菜在研究此问题上是个理想的实验对象。先加热它的叶片，然后浸泡在碳酸铵溶液中，茅膏菜此时不会失去卷曲的能力，而是损害了重新舒展开的能力，尤其是原生质不能再次聚集。

第一组实验过程

以下是我进行的第一组实验。

把叶片切下，保证它的正常能力还在。比如，在3片切下来的叶子上放入一些肉屑，在潮湿的空气中，过了23小时，所有触毛和叶片都紧紧地缠住肉屑，它们细胞里的原生质也聚集在一起。在一个器皿中倒入30毫升的蒸馏水，在水中斜挂一个灵敏温度计，再放入叶片。拿酒精灯在器皿下方移动，逐渐把水加热到所需温度。接着拿出叶片，放在凉水或者碳酸铵溶液中。

被加热的叶片就留在水中，让它和水一起冷却。再选一些叶子，突然浸泡到已经达到目标温度的水中，保持一段时间，再取出来。

前两个实验中的叶片的触毛纤细而轻薄，可见它们细胞内的液体与周围的水温相差无几。另外，叶片的成熟程度及健康状况不同，对热的反应也会稍有不同。为了方便起见，我先简单地介绍一下叶片在沸水中浸泡30分钟的反应：叶片枯萎变软，触毛向后倒下；毛柄细胞里的紫色液体变成了颗粒状，只是没有聚集起来；再将其浸泡到碳酸铵溶液里，也不会出现聚集现象。然而，最明显的变化就是腺体变成了混浊的、均匀的白色，这也许是由腺体内的蛋白质类物质凝固导致的。

在一个盛着水的器皿中放入7片叶子，逐渐加热；当温度上升到26℃时，取出一片叶子，上升到29℃、32℃……44℃时，依次取出叶片。取出来的叶片马上放入室温水中，所有叶片的触毛很快就有细微且不规则的卷曲。再把它们从室温水中取出，放在潮湿的空气中，在叶片中央放入肉屑。之前温度达到44℃的叶子，过了

15分钟，大幅度卷曲；过了2小时，所有触毛都紧紧地缠住肉屑。其他6片叶子也有相同的反应，但发生在很长时间之后。由此可见，浸泡在温度合适的热水中，能增加叶片被肉屑刺激的敏感度。

继续观察叶片在一定时间内浸泡在温度不变的水中的卷曲程度。

把一片叶子浸泡在38℃的水中，触毛没有发生卷曲。但是，另外一片被同样处理的叶子，过了6分钟，一些边缘触毛发生了轻微的卷曲；过了10分钟，又有几条发生了不规则的轻度卷曲。把第三片叶子浸泡在40～41℃的水中6分钟，也有轻微的卷曲。把第四片叶子浸泡在43℃的水中4分钟，有轻微的卷曲，维持6～7分钟后，有明显卷曲发生。

把3片叶子放在快速升温的水中，当水温达到46～47℃时，3片叶子上都有触毛卷曲。然后，我把酒精灯挪开，过了几分钟，所有触毛都发生了卷曲。这种显而易见的运动表明，细胞中的原生质并没有被杀死。把叶片放进凉水中，过了20小时，触毛全部重新舒展开。把另外一片叶子浸泡在38℃的水中，使水温升至49℃，除了边缘的少数触毛，其他都紧紧卷曲。到了第二天早上，把这片叶子放进碳酸铵稀溶液中，腺体马上变黑，触毛中的原生质聚集起来，这意味着原生质还是活的，而且腺体的吸收能力依然强大。

把一片叶子放入43℃的水中，水温升至49℃，只有一条触毛没有卷曲，其他很快就紧紧地卷曲起来。把这片叶子浸泡到浓碳酸铵溶液（碳酸铵与水的比例为1：109，以下简称“浓溶液”）中，过了10分钟，所有腺体变黑；在2小时内，毛柄细胞的原生质已经聚集起来。

把一片叶子迅速放入49℃的水中，过了两三分钟，触毛发生弯曲，不过只弯到与叶盘成直角。然后，把这片叶子浸泡到浓溶液中，过了1小时，腺体变黑，聚集现象显著。

把一片叶子快速放入52℃的热水中，等到水自然冷却，触毛变成了鲜红色，迅速卷曲起来。细胞内的原生

质聚集，3小时内聚集现象明显增多；然而，原生质团块没有变成小球形——浸泡到碳酸铵溶液中的叶片大多都有这种特征。

经过以上预备实验可以知道，49～52℃的温度能够激发触毛的快速运动且不会杀死叶片，后面的重新舒展或者原生质的聚集，都可以当作证据。

第二组实验过程

下面，我们来看看温度一旦达到54℃，触毛能否发生卷曲，细胞能否失活。

把一片叶子放进54℃的水中，搅动几分钟，触毛没有发生卷曲；再放入冷水中15分钟，取出观察，发现细胞中有明显的原生质团块的缓慢运动。过了几小时，叶片和所有触毛都卷曲了。

把一片叶子放进54～55℃的水中，搅动几分钟，触毛没有发生卷曲；放入冷水中静置1小时，再浸泡到浓溶液中，过了55分钟，多数触毛都发生卷曲，之前变得鲜红的腺体变成了黑色。触毛细胞的原生质明显聚集起来，不过与没有经过加热而直接受碳酸铵作用的情况相比，球状体的体积缩小很多。又过了2小时，除了六七条触毛没有动，其他都紧紧地卷曲了。

过程与实验二完全相同，结果也完全相同。

把一片健康的叶子放进38℃的水中，再加热到63℃，就如预期一般，叶子很快就大幅度卷曲。把叶子放进冷水中，由于浸泡的温度太高，一直没有重新舒展开。

把叶子放进54℃的水中，水温升至63℃，触毛没有迅速发生卷曲；放入冷水中，过了1小时20分钟，叶子的一侧触毛卷曲起来。然后，再把叶子放入浓溶液中，

过了40分钟，叶子边缘内侧的触毛都卷曲起来，腺体也变成了黑色。再过2小时45分钟，只有8条或者10条触毛没有发生卷曲，其他都紧紧地卷曲，原生质发生了轻微的聚集；不过，原生质团块特别小，边缘触毛的细胞中有渣浆或者杂乱的褐色物质。

把2片叶子放进57℃的水中，水温升至63℃，2片叶子都没有发生卷曲。放入冷水中，31分钟后，一片叶子上的触毛发生轻微的卷曲，又过了1小时45分钟，卷曲的程度有所增加。最终，这片叶子除了十六七条触毛，其他都发生了卷曲，可是叶片受到了损害，触毛一直没有舒展开。

另一片没有发生触毛卷曲的叶子在放入冷水中30分钟之后，再放进浓溶液中，仍然没有发生卷曲，但腺体变黑了，有些细胞发生了原生质聚集现象，原生质团块特别小；还有些细胞，特别是边缘触毛细胞中有很多褐色偏绿的渣浆。

把一片叶子放进60℃的水中，像往常那样搅动几分钟，再放入冷水中浸泡半小时，没有发生触毛卷曲。之后再放入浓溶液中，过了2小时30分钟，边缘触毛卷

曲，腺体变黑，毛柄细胞也发生了不完全的原生质聚集。有三四条腺体带着白色瓷状构造的斑点，和热水引起的变化相同。同等条件下，迄今为止我还没见过第二个例子。把4片叶子放进63℃的水中，只有一片发生了相同的变化。同时把一片叶子放入63℃的水中，另一片放入60℃的水中，等它们自行冷却，2片叶子的腺体都变成了白色瓷状。因此，浸泡时间的长短非常重要。

把一片叶子放进60℃的水中，水温升至65.5℃，触毛没有发生卷曲，但有些边缘触毛向叶背卷曲。腺体变成了白色瓷状，少数腺体出现紫色斑点。腺体基部比顶端受的影响大。浸泡在浓溶液中，没有发生卷曲和聚集现象。

把一片叶子放进65.5℃的水中，叶子有些枯萎且变软，外侧触毛稍微卷曲，内侧触毛稍向中央弯曲，但只限于顶端。由此可见，这种运动并不是真正的卷曲，因为正常的卷曲都发生在毛柄的基部。与之前一样，触毛变成了鲜红色，腺体变成了白色瓷状，略微呈粉红色。把叶片放入浓溶液中，触毛细胞中有泥褐色物质，没有发生聚集。

把一片叶子放进63℃的水中，水温升至68.6℃，触毛变成了鲜红色，发生了轻微的弯曲，所有腺体都变成白色瓷状；中央部分的腺体略带粉红，外缘呈白色。然后，与以前一样，先将叶子浸泡在凉水中，再放入浓溶液中，触毛细胞变成了褐色偏绿的渣浆，原生质没有发生聚集。然而，有4条腺体没有变成白色瓷状，它们的毛柄朝顶端螺旋扭动着，像一支法国小号。这并不是真正的卷曲。螺旋部分细胞的原生质明显聚集在一起，变成了紫色的球状团块。

由此看来，在经受住几分钟的高温之后，原生质要是没有凝固的话，在之后受到碳酸铵作用时，就会发生聚集现象。

两组实验的总结

触毛纤细而轻薄，当叶片浸泡在热水中，在温度计附近搅动几分钟后，它们承受的温度应该与温度计显示的温度接近。上面几次实验显示，在54℃下，触毛不会快速发生卷曲，而在49～52℃时，会马上发生卷曲。

然而，54℃引发的叶片麻痹只是暂时性的，之后再放进水中或者碳酸铵溶液中，叶片仍然能够发生卷曲，原生质也会发生聚集。

高温和低温产生的效果如此不同，与在浓铵盐或者稀铵盐溶液中浸泡产生的影响类似：浓溶液不能引发运动，而稀溶液引发的运动十分强烈。请注意，茅膏菜叶片先被放入54℃的热水中，再被放入引起普通叶片麻痹而不能弯曲的浓碳酸铵溶液中，会引发运动。

在63℃的水温中放置几分钟，有些叶片不会死亡。依据是之后放入冷水或者浓碳酸铵溶液中，叶片仍然可以发生触毛卷曲。然而，有时也不会卷曲；细胞中的原生质会聚集起来，但形成的球状体特别小，细胞中充满褐色的渣浆。

总而言之，高温完全可以使叶片失活，但由于叶片的成熟程度及健康状况不相同，所以结果也不尽相同。

值得一提的是，英格兰荒无人烟的高地和沼泽中生长着圆叶茅膏菜，北极圈也有圆叶茅膏菜生存。这种植物居然能够短暂地忍耐63℃的温度，真是不可思议。

另外，叶片在冷水中浸泡，并不会引发触毛卷曲。我曾经从浸泡在23℃的水中好几天的植株上取下4片叶子，马上放入7℃的冷水中，叶片并没有什么显著变化。同时，从同一株植物上取下几片叶子，再放回23℃的水中，触毛倒略微有些卷曲。

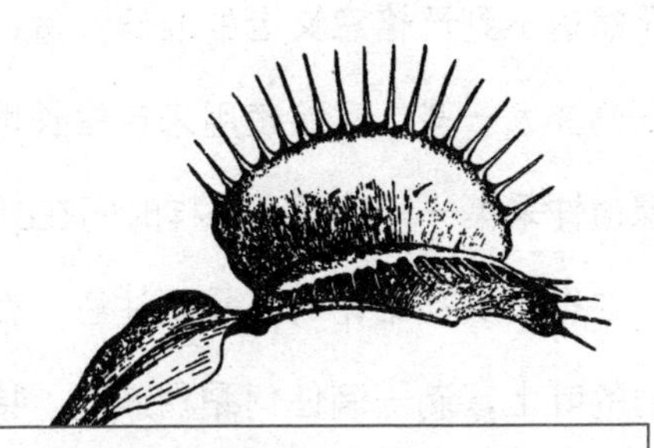

Chapter 5

不含氮和含氮的有机液体对叶片的影响

早在1860年我第一次观察茅膏菜的时候，我就认为叶片捕捉到昆虫后，能够吸收其中的营养物质。因此，我认为使用某些普通液体（无论是否含有氮化物）来做基础实验，就会得到重要的结果。

以下实验中的每一滴液体，都用同一尖锐用具点滴，且都是滴在叶片中央；经过再三测试，一滴的量大概为0.0295毫升。当然，这样的计量方式显然达不到严格意义上的准确计量；而且黏稠液体的一滴，明显比清水的一滴要大一些。实验使用来自生长地点相距甚远的两棵植株上的叶片，每棵植株采集一片叶子。采样时间在8月和9月。

在得出实验结论时，需要注意：在一片腺体已经停止分泌的老叶或者衰弱的叶上，滴一滴任何黏稠液体，特别在室内实验时，液滴有时会失去水分，浓缩成更小的一滴，因而把叶面上的某些中心触毛和内缘触毛拉至一处，表面看呈现了卷曲。使用清水，有时候也会遇到同样的现象。这是由于清水和黏稠液体都具有黏性。因此，唯一可信的结果（我只信任这一种方式）就是，不与实验液体直接接触或者只在触毛基部与液滴接触过的边缘触毛向内弯曲了，才说明触毛真的发生了卷曲。根据我的观察可以断定，没有因黏稠液体浓缩导致中央触毛发生运动后，带动了边缘触毛运动的例证。

不含氮化物的液体

我先进行与不含氮化物的液体相关的实验。在预备实验中，把蒸馏水滴在三四十片叶子上，没有引发任何反应。不过，以往的实验中有几例曾发生过几根触毛在短时间内卷曲的情况。这也许是在调整叶片的位置时，无意间触到了它们的腺体。可以肯定，清水不会引发卷曲，否则每次下雨，叶片都会因兴奋而发生运动。

实验一 阿拉伯胶

使用4级浓度：第一级浓度，胶与水的比例为1：73；第二级稍微浓一些，不过还是稀薄；第三级比较黏稠；第四级浓稠到刚能从尖锐工具上往下滴。实验使用了14片叶子。液体滴在叶盘上，保持观察24～44小时，平均30小时，没有发生卷曲的状况。必须使用纯胶，有位朋友使用了买来的制成液，引发了触毛的卷曲。后来，他检测出其中含有大量的动物性物质，也许是皮胶。

糖

使用3级浓度的白糖混合液（与水的最稀配比是1：73），同样滴在14片叶子上，保持观察32～48小时，没有发生任何反应。

淀粉

取状态像奶油一样的淀粉液，滴在6片叶子上，保持观察80小时，没有任何反应。这让我有些吃惊，我认为一般的淀粉中都含有少量的面筋，而面筋这种含氮物质能够引发卷曲。

实验四 稀释的酒精

酒精与水的配比是1：7，滴到3片叶子的叶盘中央，保持观察48小时，没有任何反应。为了检测叶片的活性，我又将少量肉屑放到上面，过了24小时，肉屑被紧紧地卷起来。

实验五 橄榄油

直接将橄榄油滴在11片叶子上，保持观察24～48小时，没有发生任何反应。在其中的4片叶子上放入肉屑，过了24小时，3片叶子和所有触毛都发生了卷曲，第四片的少数触毛卷曲了。

实验六 泡茶和煎茶

把高浓度的泡茶和煎茶，以及低浓度的煎茶，滴在10片叶子上，没有引发任何反应。又在3片叶子上滴上茶，再在茶滴上放入肉屑，过了24小时，肉屑被紧紧地卷起来。后来测试发现，茶的有效成分茶碱并不会引发反应。茶中的一些蛋白质经过干燥处理，变成了不溶性的物质。

由此可以看出，61片叶子上测试的各种不含氮的液体，都没有引发任何触毛卷曲的情况。

含氮化物的液体

我们再来看看含氮化物的液体。实验的时间与方法，与上述完全一致。多数情况下，由于清楚地知道液体会引发巨大的反应，我并没有记录触毛开始卷曲的时间。不过，这种反应都发生在24小时之内，要比观察不含氮化物的液体的时间短得多。

牛乳

将牛乳滴在16片叶子上，所有的触毛都发生了卷曲，其中几片叶子的触毛很快就卷曲起来，并且程度很强。我只记录了其中3片的反应时间，而且滴在叶片上的液体特别少；过了48分钟，触毛略微弯曲；过了7小时45分钟，其中2片的叶缘向内卷曲，包围了液滴；到了第三天，这些叶片重新舒展。另一片叶子过了5小时，触毛发生强烈卷曲。

人尿

将人尿滴在12片叶子上，只有一片未卷曲，其他叶片的触毛都发生了程度很强的卷曲。在不同情况下，人的尿液也千差万别，所以触毛发生卷曲的时间也不太一样，不过一般都在24小时之内。其中有2片经过17小时，所有边缘触毛都发生了卷曲，但叶片本身不卷曲。还有一片，经过25小时30分钟，边缘触毛强烈卷曲，甚至形成杯状。这并不是因尿液中含有尿素所致，后面我们将看到尿素不会产生任何作用。

实验三 新鲜蛋清

将新鲜蛋清滴在10片叶子上，其中6片叶子的触毛发生了卷曲。其中有一片，经过20小时，边缘触毛才向内卷曲起来。我又观察了6小时，再没有叶片卷曲。为了证明未卷曲叶片的活性，我将一滴牛乳滴在上面，经过12小时，触毛向内弯曲。

实验四 黏液

从支气管中吸取浓稠和较稀的黏液，滴在3片叶子上，触毛全都发生了卷曲。其中一片滴入较稀的黏液，经过5小时30分钟，边缘触毛和叶片略微弯曲，经过20小时，弯曲程度显而易见。这是由于黏液中含有唾液或者其他蛋白质。

唾液

经过蒸发后，人的唾液只剩1.14%～1.19%的残留物质，其中0.24%是灰分，因此人的唾液中含氮物质微乎其微。不过，8片中央被滴入唾液的叶片，都发生了反应。其中一片，经过19小时30分钟，所有的边缘触毛都发生卷曲；另外一片，经过2小时，少数触毛发生卷曲，经过7小时30分钟，左边的触毛和叶片均发生卷曲。在做这些实验时，我多次用沾过唾液的解剖刀刀柄接触腺体，以此来确认叶片的生命活力。只需要几分钟，接触过的触毛就会向内弯曲。

> 一种物质中固体无机物的含量，其中可能包含部分有机物。

实验六 鱼明胶

将黏稠如牛乳的和更为浓稠的两种鱼明胶混合起来，把混合溶液滴到8片叶子上，所有触毛均发生了卷曲。其中一片经过6小时30分钟，所有触毛发生强烈卷曲；经过24小时，叶片的一部分也卷曲起来。

我很想弄明白鱼明胶可发生作用的最小剂量。把1份鱼明胶与218份蒸馏水充分混合后，滴在4片叶子上。经过5小时，其中的2片发生明显卷曲，另外2片也发生中等程度的卷曲；经过22小时，明显卷曲的2片卷曲程度更加强烈，而中等程度的2片比前者更甚。从滴下溶液算起，经过48小时，这4片叶子重新舒展开。然后放入肉屑，叶片能发生比此前更加强烈的反应。

把1份鱼明胶与437份水混合，得到稀释溶液，与清水一般。在7片叶子上，滴入大小一样的溶液，剂量大约为0.0295毫升。其中的3片叶子经过41小时，没有发生任何反应；第四片和第五片叶子经过18小时，有两三条边缘触毛发生卷曲；第六片叶子发生卷曲的触毛更多一些；第七片叶子的边缘触毛也有肉眼可辨的卷曲。再过8小时，后面4片叶子的触毛舒展开。这意味着，0.0295毫升的稀释鱼明胶足以使敏感或者活跃的触毛发生轻微卷曲。在未受到稀释溶液影响的一片叶子，以及只有两条触毛发生弯曲的一片叶子上，滴入如牛乳般浓

稠的溶液；到了第二天（经过16小时），两片叶子上的所有触毛都发生了明显的卷曲。

综上所述，我用含氮化物的液体测试了63片叶子，其中不包括用稀释过的鱼明胶混合液测试的5片没有反应或反应不强的叶片，以及之后没有留下记录的叶片。在63片叶子中，有62片的触毛以及部分叶片发生了卷曲。未发生反应的，也许是因为叶片太老或者太弱。要想看到更明显的反应，必须使用年轻有活力的叶片。

测试不含氮化物的液体（不包括清水）时，为了避免叶片失活影响实验结果，需要使用年轻有活力的叶片。由实验可以得出，用含氮化合物的液体测试的63片叶子，是叶盘中央触毛的腺体吸收了含氮液体，才引发了边缘触毛的卷曲。

在不含氮化物的液体测试中，没有发生反应的那些叶子，在放入肉屑后，均处于活跃状态。除此之外，还有23片滴入阿拉伯胶、白糖混合液、淀粉液等溶液的叶子，经过24～48小时没有反应，继续滴入牛乳、尿液或者蛋清，其中17片的触毛发生了卷曲，有些叶片也发生了卷曲。然而，由于能力受到了损伤，这些叶片发生卷曲的速度，明显比含氮化物的液体滴在新鲜叶片上要慢一些。

Chapter 6

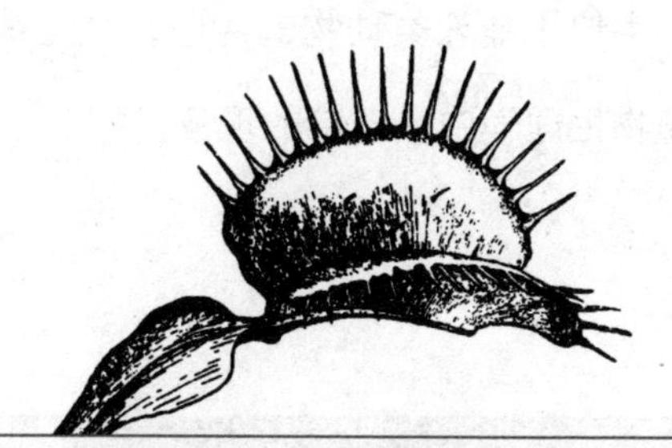

茅膏菜分泌液的消化作用

含与不含氮化合物的液体对茅膏菜叶片的作用不同，而且叶片缠住有机物的时间，比缠住玻璃、灰尘、木头等无机物更为长久。因此，叶片是否只能吸收溶液中已经溶解的物质，还是能使物质溶解，或者叶片是否具有消化作用，都值得探讨一番。

下面我们就会看到，叶片确实具有消化作用。它们能对蛋白质发生作用，类似于哺乳类动物的胃液；经过消化的物质，马上就会被吸收。这真是植物生理学中最奇特的现象。

茅膏菜分泌液的酸性

对于尚不了解动物消化蛋白质过程的读者，我多说两句作为解释：动物消化蛋白质，依赖一种被称为“胃蛋白酶”的酶和稀盐酸的帮助。然而，只有其中一种却不能发生这种作用。由先前的实验可知，当叶片中央的腺体与任何物体，特别是含氮物质接触而引发兴奋时，边缘触毛会发生卷曲，某些叶片也会发生卷曲；这个时候，叶片会卷曲成杯状，状若动物的胃。与此同时，腺体分泌能力增强，分泌出酸性物质。此外，它们还作用于边缘触毛的腺体，使其分泌能力增强，也分泌出酸性物质，或者增强自身的酸性。

下面，我将给出实例，说明这个结论的重要性。

●在30片叶子上的腺体未受到刺激之前，用石蕊试纸检测，其中22片未使试纸发生任何变化，剩下8片使试纸发生了极小的变化，呈现若隐若现的淡红色。

●取2片老一点的叶子，它们曾多次卷曲，用石蕊试纸检测，试纸有明显的变化。

●取没有使试纸产生变化的叶片，在其中5片上放入干净的玻璃屑，6片上放入小粒熟蛋白，3片上放入生肉屑。经过24小时，这14片叶子上的所有触毛均已发生不同程度的卷曲。挑选那些没有触及叶盘中央或者接触物体的腺体，用试纸检测它们的分泌液，显示已变成酸性。同一片叶子上的不同腺体，分泌物的酸度有所不同。在几片叶子上，少数触毛没有如往常一般发生卷曲，原因不明；测试其中的5片叶子上未卷曲的触毛，其分泌液没有变成酸性，但其附近已卷曲的触毛，分泌物变成酸性。在放入玻璃屑引发兴奋的叶片上，分泌液积聚在腺体下面，其酸性比发生中等程度卷曲的边缘触毛腺体的分泌液要强。在中央腺体上放入小粒熟蛋白（天然碱性）或者生肉屑的9片叶子，其分泌液也显示出强酸性。由于生肉屑浸泡在水中，自身带着酸性，在放入叶片之前，我曾经用试纸测过，放入叶片后，我再用试纸检测，后者的酸性明显比前者强。

实际上，我做过数百次实验，凡是发生了触毛卷曲的叶片，中央积聚的分泌液全都显示酸性。因此，我们可以做出总结：没有发生触毛卷曲的叶片，其分泌液虽然黏稠，但并不呈酸性或者酸性极小；发生触毛卷曲的叶片，其分泌液呈酸性或者强酸性；发生触毛强烈卷曲的叶片，其分泌液的酸性更强。

在此要向读者说明，显而易见，分泌液有一定的防腐性，因而能够在短期内抑制熟蛋白、干酪等食物变色或者腐烂。这也意味着，它与高等动物的胃液一样，能够杀死微生物，从而阻止食物腐烂。

茅膏菜分泌液中酸性物质的种类

我想弄清楚分泌液中酸性物质的种类，所以委托弗兰克兰教授制备了一批蒸馏水，把445片叶子泡入其中。这些叶子的分泌物黏稠，无法轻易地刮除它们，而且长势也不好，叶片都很小。

友善的弗兰克兰教授帮我检测了所得的洗涤剂。提前24小时，我先用清洁玻璃粉刺激叶片，使其兴奋起来。假如用动物性物质来引发兴奋，那么分泌液肯定含有更多的酸，会使分析工作变得更困难。

弗兰克兰教授检测完后得出，液体中不含盐酸、硫酸、酒石酸、草酸和甲酸。然后，将剩下的液体蒸发至干燥，使用硫酸将其酸化，产生了挥发性的酸性蒸气，加入碳酸银凝聚后再次蒸馏。他得出结论：“得到的银盐重量为0.37克，微乎其微，无法准确地测得原酸分子量。然而，这一数据和用丙酸进行实验的结果一样；我认为，液体中原来就有丙酸，或者乙酸和丁酸的混合物。毫无疑问，这种酸归于乙酸或者脂肪酸一类。”

弗兰克兰教授和助手说，这种液体“使用硫酸将其酸化时，会发出一种浓烈的如同胃蛋白酶的味道”（这点十分重要）。于是，我将洗涤剂刺激后能发出这种味道的叶子送到弗兰克兰教授那里。经过数小时的研磨，使用硫酸将其酸化，再蒸馏，其并未产生酸性蒸气。因此，虽然新鲜叶片中也含酸（叶片被剁烂后能使石蕊试纸变色），但这种酸与分泌液中所含的不同，不会散发出如同胃蛋白酶的味道。

茅膏菜分泌液中酸性物质的作用强度

胃蛋白酶和乙酸作用，会产生消化蛋白质的能力。那么，乙酸是否可以被在茅膏菜分泌液中所含的与乙酸相关的酸类，如丙酸、丁酸、戊酸等所替代，而不影响其消化能力，则需要多做一些实验来验证。桑德森博士慷慨地承担了以下系列实验，即使其中存在一些问题，这些结果也是非常有意义的。实验使用的酸类，均由弗兰克兰教授提供。

以下实验的目的在于，按照胃液中盐酸的占比，将乙酸系挥发性酸类加入含有胃蛋白酶的液体，等待酸化后，再确认其是否仍具有消化作用。

实验证明，人工消化液中加入0.2%浓度的盐酸气体，消化结果最佳。具体来说，就是每升溶液含有6.25毫升的普通浓盐酸。中和6.25毫升盐酸所能中和的碱基，分别需要4.04克丙酸、4.82克丁酸、5.68克戊酸。因此，在比较这些酸和盐酸的消化能力时，可以上述比例的量为基准。

一类带碱性的有机化合物，是嘌呤和嘧啶的衍生物。

实验一

处死一只处于消化过程中的狗，取其胃黏膜制作成甘油浸液；取8毫升这种浸液，稀释成500毫升液体。再取10毫升这种液体，经过蒸发，在110℃的温度下干燥，获得比例为0.0031的残渣。

从这种液体中取出4份，分别使用上述浓度的盐酸、丙酸、丁酸、戊酸将其酸化。4份液体放入单独的试管中，试管悬在38～40℃的热水中。在每个试管中加入没有经过蒸煮的血纤维素，保持同样的温度搁置4小时，并使每个试管中的血纤维素保持充裕。实验结束后，滤液中自然而然地含有消化掉的血纤维素。过滤每个试管，再每份取10毫升滤液，经过蒸发，同样在110℃的温度下干燥。

由此获得的残渣如下：

含有盐酸的滤液　　0.4079

含有丙酸的滤液　　0.0601

含有丁酸的滤液　　0.1468

含有戊酸的滤液　　0.1254

用上述残渣减去上述消化液经过蒸发干燥后剩下的残渣（即0.0031），得到：

盐酸　　0.4048

丙酸　　0.0570

丁酸　　0.1437

戊酸　　0.1223

此重量为，在相同条件下，各种酸以当量存在时，分别消化的血纤维的重量。

化学专业用语，指与特定或俗成的数值相当的量，多用于物质相互作用时的质量比较。

实验结果：若含有胃蛋白酶和正常比例盐酸溶液的消化能力为100，其他3种酸的消化能力分别为丙酸14.0、丁酸35.4、戊酸30.2。

实验过程与上述相同，不过把试管没入热水中，残渣在115℃的温度下干燥，得到如下数值。

10毫升液体消化的血纤维重量为：

盐酸　　0.3376

丙酸　　0.0563

丁酸　　0.0835

戊酸　　0.0615

实验结果：盐酸为100，其他3种酸的消化能力分别为丙酸16.5、丁酸24.7、戊酸16.1。

与实验二相同，得到的数值如下。

10毫升液体在4小时内消化的血纤维重量为：

盐酸　0.2915

丙酸　0.0490

丁酸　0.1044

戊酸　0.0520

实验结果：盐酸仍为100，其他3种酸的消化能力分别为丙酸16.8、丁酸35.8、戊酸17.8。

盐酸为100，3个实验取平均值，那么：

丙酸　15.8

丁酸　32.0

戊酸　21.4

我又进行了一个实验，以便确认丁酸（由前面实验结果可知，它效率最高，所以选择它）在普通温度中，是否比在体温中作用更强。由此得出结论，10毫升含有通常比例盐酸的液体，消化的血纤维为0.1311，而同样含有相同比例丁酸的液体，消化的血纤维为0.0455。

所以，假如处于人体温度（约37℃）时，盐酸消化的血纤维素为100，那么在16～18℃时，盐酸的消化能力为44.9，丁酸的消化能力为15.6。

由此可见，在温度低的情况下，盐酸和胃蛋白酶在同一时间内消化的血纤维，与温度高的时候相比，减少50%以上；在相似的条件和温度下，丁酸的消化能力也减少了相同的比例。根据我们的观察，较之于丙酸和戊酸，效率最高的丁酸和胃蛋白酶一起，在温度高的情况下，消化的血纤维还不到盐酸在同等温度中消化量的1/3。

茅膏菜分泌液可以全部或者部分消化的物质

在茅膏菜分泌液消化能力的实验中，我把实验对象分成两部分，一是能消化的部分，二是不能消化的部分。在实验中，我们会发现，高等动物胃液对这些物质的作用方式完全相同。请大家关注以“清蛋白”为对象的实验，其显示分泌液用碱中和以后，会失去消化能力，在加入酸之后，消化能力又恢复了。

清蛋白

多次尝试了不同的物质后，桑德森博士提出使用凝固清蛋白，也就是煮熟了的蛋白小颗粒（熟蛋白）。为了对比结果，我找了5粒与下面实验所用熟蛋白大小相近的颗粒，另外放在茅膏菜植株旁边的潮湿苔藓上。

天气很热，过了4天，部分颗粒颜色改变，长了霉菌，棱角变得圆润，不过这并不是消化作用造成的。剩余颗粒仍是白色，棱角没有变化。过了8天，全部颗粒变小、褪色，棱角越发圆润。然而，其中的4颗中央仍是白色不透明的，与经过茅膏菜分泌液作用的颗粒大不相同。

用颗粒很大的熟蛋白，过了24小时，触毛全都卷曲起来；又过了1天，所有颗粒上的棱角都溶解，变圆润了。由于颗粒太大，伤害到了叶片，经过7天，一片叶子枯死了，剩下的也慢慢失去生机。经过四五天，熟蛋白开始腐烂，比新鲜时期更容易被消化。由于我总是用新煮出来的蛋白，所以要先用唾液润一下，以方便触毛迅速发生卷曲。

在一片叶子上放入边长为2.54毫米的熟蛋白颗粒，经过50小时，颗粒变成了直径约为1.9毫米的球形，被一层完全透明的液体裹住。经过10天，叶片舒展开，但中央还有一点变得透明的熟蛋白。显然，这块熟蛋白已经超过这片叶子的消化或者溶解的能力了。

在2片叶子上放入边长为0.86毫米的熟蛋白颗粒，经过46小时，其中一片上的颗粒已经溶解，产生的液化物质多半被吸收了，残留的液化物质与其他实验结果一样，具有很强的酸性，并且非常黏稠。另外一片则作用缓慢。

在2片叶子上分别放入2个大小相同的熟蛋白颗粒，经过50小时，颗粒全都变成了透明液体。从已经卷曲的触毛下面取出这种透明液体，放在显微镜下，用反射光察看，其中一滴有白色不透明物质的细条纹，另一滴也有这样的细条纹。把透明液体再次放在叶片上，经过10天后，叶片舒展开，只留下一点点透明的酸性液体。

为了使分泌液更快地作用于熟蛋白颗粒，我稍微改变了实验的方式。在同一片叶子上，放入2个边长为0.635毫米的颗粒，在另一片叶子上，也放入同样大小的2个颗粒。经过21小时30分钟，4个颗粒都已无棱角。经过46小时，一片叶子上的2个颗粒已完全液化，形成透明的液体；另一片上的液体中，尚可看到不透明的白色条纹。经过72小时，白色条纹消失了，叶中央仍有一丁点黏稠的液体；第一片上的颗粒已被叶片吸收。最终，这2片叶子又舒展开了。

分泌液中是否存在和胃蛋白酶类似的酶，最好的检验方式，也几乎是唯一的方式，应该是用碱中和分泌液中的酸，然后仔细观察消化过程，看其是否暂停，再加入酸，是否又重新开始。我正是这样做的，从下文便可以知道，检验达到了预期的效果，不过在此之前还需要做两个对比实验：

●使用与碱大小相同的水滴，消化过程会不会暂停？

●使用与实验中剂量和浓度一样的稀盐酸滴液，是否会伤害叶片？

基于此，我做了以下几个实验。

在3片叶子上放入小颗粒熟蛋白，再用针头滴上蒸馏水，每天滴两三次。这么做并没有阻碍消化过程，经过48小时，3片叶子上的熟蛋白颗粒已经完全溶解；第三天，叶片舒展开；第四天，所有液体都被叶片吸收了。

在2片叶子上放入小颗粒熟蛋白，再用针头滴上1：437的盐酸溶液，滴两三滴就可以。盐酸并没有耽误消化过程，反而加快了这一过程；经过24小时30分钟，颗粒全都消失了。经过3天，叶片舒展开，此时叶盘上黏稠的液体也几乎都被叶片吸收了。而大小相同的熟蛋白颗粒放在同等浓度的盐酸中，棱角依然完整，没有发生任何变化。

在5片叶子上放入边长为1.27毫米的熟蛋白颗粒；在其中的3片上间断滴入碳酸钠与水比例为1：437的溶液；在另外2片上滴入同等浓度的碳酸钾溶液。使用针头滴入每滴大概为0.0059毫升的碱。此分量过小，不足以中和酸性物质；经过46小时，5粒熟蛋白全部溶解了。

在4片叶子上重复实验八，但改变滴入碳酸钠溶液的次数，即分泌液一旦显示出酸性，马上滴入溶液，酸碱中和，效果明显。经过24小时，其中3个熟蛋白颗粒的棱角没有变化，第四个稍微圆润一些。再滴入特别稀的盐酸溶液（1份兑847份水），正好中和剩余的碱。叶片重新开始消化过程，经过23小时30分钟，那3个颗粒已经完全溶解，第四个还有一些透明的液体；到了第二天，透明的液体也消失了。

改用1份碳酸钠或者碳酸钾兑109份水的浓碱液，液滴大小不变，每滴含有0.054毫克的盐。在2片叶子上分别放入边长为0.635毫米的熟蛋白颗粒。分泌液稍微显示酸性时（24小时内发生了4次），在2片叶子上分别滴入钠盐或者钾盐，以此来中和酸。此次实验大获成功，因为过了22小时，颗粒的棱角没有任何变化。从实验五中我们可以知道，长期浸在天然状态的分泌液中，熟蛋白颗粒棱角会变得圆润。现在，用吸水纸吸去叶中央的残留液体，再滴入1份兑了200份水的盐酸溶液。由于使用的碱过浓，所以盐酸也得浓一些。消化过程重新开始，滴入盐酸溶液48小时后，4个颗粒都已经溶解，多数熟蛋白也被叶片吸收。

在2片叶子上分别放入边长为0.635毫米的熟蛋白颗粒，如上述实验十，滴入浓碱液，结果相同；过了23小时，颗粒的棱角还很分明，这意味着消化过程已暂停。

于是，我想确认使用强盐酸的效果如何，因此滴入浓度为1%的强盐酸。事实证明，这个浓度还是太强了，过了48小时，一个颗粒几乎没有任何变化，而另一个稍微圆润一些，并且它们都变成了粉红色。这也表明，叶片受到了伤害。因为在正常的消化过程中，熟蛋白没有发生过这样的变色。据此，我们也能了解熟蛋白颗粒没有溶解的原因。

分泌液有消化熟蛋白的能力；加碱，消化过程就会暂停，再用稀盐酸中和加入的碱，消化过程会重新开始。

即使不再做实验，已有的实验结果也能证实，**茅膏菜腺体能够分泌出如胃蛋白酶一般的酶，加上盐酸，分泌液就有了消化蛋白质的能力。**

关于酶的一些实验

在一些叶片上放入干净的玻璃屑，触毛会发生中等程度的卷曲。把这些叶片剪下来分成3组，前两组浸泡在少许蒸馏水中，过了一会儿，可得到一些污浊、黏稠、微酸性的滤液，第三组浸泡在几滴甘油（能够溶出胃蛋白酶）中。

把一些边长为1.27毫米的熟蛋白颗粒放在盛着上述3种液体（两组水浸出物，一组甘油浸出物）的玻璃片上；其中一部分放在32.2℃恒温加热几天，其余就放在房间里。这些小颗粒都没有溶解，棱角没有发生任何变化。

这一现象说明，腺体在没有因吸收少许可溶性动物物质而兴奋前，并不分泌这种酶。

把经过唾液润湿的熟蛋白颗粒放在8片叶子上，叶片出现强烈兴奋。把这些叶片剪下来，浸泡在几滴甘油中，持续观察几小时到24小时。取少许甘油浸出液，加入不同浓度（约1份兑400份水，但每份都有些误差）的盐酸溶液中，并放入熟蛋白颗粒。结果，颗粒没有发生任何变化。

重复实验二。第一次，熟蛋白颗粒依旧没有变化。第二次，其中一份溶液放入2个颗粒，它们在3小时后全

都缩小了；经过24小时，只剩下些许没有被溶解的条纹。另外一份放了2个小一点的颗粒，经过3小时，颗粒也都缩小了，24小时后全部溶解。在这两个容器中，我又分别加入少量的稀盐酸，再放入新鲜的熟蛋白颗粒，然而没有发生任何变化。

《消化生理学讲义》的作者希夫曾指出，胃蛋白酶在消化的过程中会损耗一小部分。尽管这与大部分生理学家的观点不同，但我却深以为然。我开始制备的溶液可能只含有数量极少的酶，在消化最初的熟蛋白颗粒时已经消耗完了，后来再加入盐酸时，已经没有酶了；或者，在消化和之后的吸收过程中酶被破坏了，所以3次实验中只成功了一次。

烤肉的消化

把烤至半熟的肉切成边长为1.27毫米的肉屑，放在5片叶子上，经过12小时，触毛紧紧地卷曲起来。经过48小时，轻柔地打开一片叶子，肉屑只剩中心的一个小珠，其他的溶解了，周围是厚厚的透明黏稠液体。取出小珠，不要晃动，放在显微镜下观察，能清楚地看到中间部分肌纤维的横纹。顺着肌纤维的纹路向两端观察，能够看到纹路逐渐消失的过程，非常有意思：先是很多微小的暗点构成了横线，只有经过高倍放大才能看出这些横线的外缘；慢慢地，这些暗点也消失了。

以下引用希夫在《消化生理学讲义》中的说法，来说明暗点是如何形成的；其中可以看出茅膏菜分泌液与胃液的消化过程如出一辙。

过去的观点普遍认为，胃液会使肌纤维失去横纹。但这种说法过于笼统，因为横纹只是一种外观上的排列方式，并不是肌肉解剖构成上的要素。众所周知，横纹作为肌纤维的外观特征，是构成要素（邻接纤维丝）按照相等距离在体内平行排列而产生的。纤维丝之间的结缔组织膨胀、溶解之后，纤维丝就会分离，平行排列就被破坏了，横纹这个光学现象也随之消失。因此，在纤维丝刚刚分离出来时，用显微镜可以观察到其内部各成分及相关结构；持续观察，结构会越来越模糊；到了最后，在胃液的作用下，纤维丝溶解了，肉眼完全看不见了。准确来说，结构上的横纹不是在液化时被破坏，而是肌纤维膨胀时被破坏的。

没有消化的肉屑周围的黏稠液体中，含有脂肪球和小块弹性纤维组织。另外，黏稠物中还有一些小小的平行四边形的透明黄色物质。希夫在讨论胃液消化肌肉时，也提到过这种平行四边形物质：

胃液中的酸首先对结缔组织发生溶解作用，使肌肉在消化开始时膨胀，结缔组织液化，肌纤维分离。然后，大部分肌纤维也溶解了；不过在液化之前，它们多数会横断成小片段。鲍曼认为，“肌肉成分”就是肌纤维断成的这种横断片段，所以我们能够在胃液的帮助下，制备并分离这种片段，但需要注意别让肌肉完全液化。

经过72小时后，我将上述剩下的4片叶子轻轻拨开。在其中2片上，只有一点点透明黏稠的液体，此外什么也没有；用高倍显微镜观察，液体中有脂肪球、小块弹性纤维组织，还有少量平行四边形的“肌肉成分”，但看不到横纹。另外2片有许多透明液体，中央还有消化了一部分的肌肉小珠。

血纤维

为了进行对比，在做以下实验时，我还把一些小块血纤维放在水中，静置4天，没有发生任何变化。

第一次使用的血纤维纯度不高，含有深色颗粒。这也许是由制备过程中出了问题或制成后血纤维发生了变化导致的。在几片叶子上，放入长约2.54毫米的血纤维薄片，不久后血纤维会溶化，但是不会全部溶解。在另外4片叶子上，放入更小的薄片，滴入稀盐酸（1份兑437份水）；盐酸好像加速了消化过程，经过20小时，一片叶子上的所有液体都被吸收了，但其他3片上的液体经过48小时仍有无法溶解的残渣。在上述或者后续的各种实验中，哪怕使用了更大片的血纤维，叶片受到的刺激都不多；有时候需要加点唾液，才能够引发完全的卷曲。而且经过48小时，叶片就会舒展开，再放上昆虫、肉屑、软骨、熟蛋白等东西，卷曲的时间就会延长许多。

之后，桑德森博士送给我一些白色的血纤维，我使用这些血纤维做了以下实验。

在同一片叶子的两侧，放入2小块边长不超过1.27毫米的白色血纤维。其中一块没有引发周围触毛的卷曲，与血纤维接触的腺体很快就变干了。另一块引发周围几条触毛的卷曲，对远处的触毛没有任何影响。经过24小时，2块都发生了溶解；经过72小时全部溶解。

重复实验一，结果相同，只有一块血纤维引发了周围触毛的卷曲。这一块消化缓慢，过了24小时，我把它放在别的腺体上。从最初算起，经过3天，2块血纤维全部溶解。

在2片叶子上放入同样大小的小块血纤维，经过23小时，触毛发生了轻微的卷曲；经过48小时，周围的短触毛紧紧卷曲起来；再过24小时，所有血纤维都溶解了。其中一片叶子残留了大量的酸性透明液体。

在2片叶子上放入同样大小的小块血纤维，经过2小时，腺体变得干燥时，用唾液弄湿；很快，触毛和

叶片就产生了强烈弯曲，腺体的分泌液也增多。经过18小时，血纤维全都液化了，不过残留一些未消化的颗粒，漂浮在透明的液体上；又过了2天，这些颗粒也消失了。

通过上述实验可以清楚地了解到，分泌液能够完全溶解纯度高的血纤维，但溶解的速度有些缓慢。这是因为血纤维无法引发叶片的强烈兴奋，只有周围的触毛发生了卷曲，而且分泌出的分泌液也不多。

松散结缔组织

在3片叶子上放入小块羊的松散结缔组织，在24小时以内，触毛都发生了中等程度的卷曲；过了48小时，叶片重新舒展；过了72小时，舒展完毕。就像血纤维一样，这种物质只能在短时间内使叶片兴奋。叶片完全舒展之后，用高倍显微镜观察上面的残留物，发现组织发生了很大变化，不过由于组织本身含有一些不被消化的弹性纤维，所以无法完全液化。

我又从蟾蜍体腔内取出一些不含弹性纤维的松散结缔组织，在5片叶子上放入中等大小以及小块的该组织。经过24小时，其中2块完全液化，2块变成透明的，但还没有液化，第五块没有发生任何变化。在后3片叶子的腺体上涂抹唾液，触毛很快就卷曲起来，并产生分泌物。又过了12小时，只有一片叶子上还有一点没有消化的组织；其他4片叶子上（其中一片上面所放的组织最大），只残留一些透明黏稠的液体。

值得一提的是，在这些组织中有一些黑色的色素点，完全不被消化。作为对照，在水中和潮湿的苔藓上放入小块松散结缔组织，持续同样长的时间，组织完全没有变化，一直呈白色不透明状。由此可见，松散结缔组织很容易且很迅速地被分泌物消化，但不能引发叶片的强烈兴奋。

软骨

从稍微烤过的羊腿骨上取下边长为1.27毫米的白色、半透明、韧劲十足的软骨，放在养于温室中的3棵弱小的植株叶片上。时值11月，环境恶劣，如此硬的软骨很不容易消化。然而过了48小时，大多数软骨已经溶解，变成了小珠，周围是透明的酸性液体。其中两个小珠已经软化了；第三个小珠的中央仍有一小点固体软骨，形状不太规整。在显微镜下观察时，能看到表面有奇怪的凸起。这表明，软骨已经被分泌液不均匀地侵蚀了。浸泡在水中的小粒软骨，在相同的时间内没有发生任何变化。

在晴朗的天气里，取几块中等大小的新鲜的含有软骨、松散结缔组织和弹性组织的切块，放到3片叶子上。唾液被涂抹在几条腺体上后，马上引发了触毛的卷曲。其中2片叶子经过3天，第三片叶子经过5天，都重新舒展开。在显微镜下观察发现，残留在叶片上的液体，一种是完全透明的黏稠液体，另两种含有少许弹性纤维以及消化了一半的松散结缔组织。

纤维软骨

在9片叶子上放入长约1.27毫米的纤维软骨切块（取自羊尾椎），一些叶片发生强烈的触毛卷曲，另一些则反应很小。针对反应很小的叶片，我拖着软骨切块在叶子上移动，使其沾满分泌液，刺激了很多腺体。过了48小时，所有叶片重新舒展开。这就说明，软骨切块并没有引发多大的兴奋。小点的切块发生了一些变化，但是没有液化，只是膨胀且更加透明和绵软，一碰就散。

我儿子弗朗西斯做了一些人工胃液，能快速溶解血纤维，效率极高。纤维软骨泡入其中也膨胀了，变得透明，但和茅膏菜分泌液一样不能使其完全溶解。这个结果让我大吃一惊，曾有两位生理学家认为，纤维软骨是很容易被胃液消化的。因此，我拜托克莱因博士来检查这些标本。他告诉我，浸泡在人工胃液中的两块纤维软骨已经消化到与经过酸类作用的结缔组织一样，膨胀了、有些透明、纤维束变得均匀、失去了纤维结构；经过茅膏菜消化的纤维软骨部分发生了变化，程度轻微，犹如受到胃液的作用，但更加透明，像水一样，纤维素也不明显。这么说来，两种液体对纤维软骨的作用是一样的。

骨

在2片叶子上放入经过唾液润湿的鸡舌骨小片（本身十分干燥）；在第三片叶子上放入从坚硬的、经过油煎的羊肋骨上取下的一小片骨，也用唾液润湿。3片叶子发生了强烈的触毛卷曲，持续时间特别长，其中一片持续了10天，另外2片持续了9天。骨片一直浸在酸性分泌液中。在低倍镜下观察发现，骨片松软，可用钝针撕成条状，也可任意压缩。

克莱因博士帮我观察过这两种经过实验的骨片。据他说，这两种骨片的外观呈典型的脱钙状态，间或含有一些碱盐；多数骨小体及其凸起都显而易见，只有极少数，特别是舌骨边缘是肉眼看不到的；某些地方已经没有固定形状，就连骨片上的纵纹都模糊不清。克莱因博士推测，这种不规则形状的形成也许是由于骨的纤维性基质已被消化，或者因为被碱盐溶解，看不见骨小体了。舌骨中髓的部位残留了一种坚韧的黄色物质。

由于骨的纤维性基质上的棱角和小凸起还没被圆化或者侵蚀，所以我把它们放在另外两片新鲜的叶子上，看看会有什么变化。到了第二天早上，它们被紧紧地缠绕着，并且持续了很长时间——一片卷曲了6天，另一片卷曲了7天。虽然比第一次时间短一些，但与叶片正常缠绕无机物或者很多有机物的时间要长久得多。在整个过程中，分泌液能使石蕊试纸变得鲜红，但这也许只是消化骨片时产生的过磷酸钙的酸性导致的。等到叶片舒展开，纤维性基质上的棱角和小凸起没有发生任何变化。因而，我得出了一个错误结论（下面就知道这样说的原因了）：分泌液没有接触到骨片的纤维性基质。正确的结论应该是：**在溶解骨中的磷酸钙时，所有的酸都被消耗，所以没有酸与酶一起对纤维性基质发生作用。**

珐琅质和牙质

由于分泌液能让普通的骨头脱钙，我想试试它能否对牙齿的珐琅质和牙质发生作用，结果令我十分惊讶。克莱因博士送给我一些狗牙齿的横片，选取其中4片带有棱角的分别放在4片叶子上，并且每日按时观察。

5月1日，在叶片上放入小横片；5月3日，触毛没有发生卷曲，所以加了一点唾液；5月6日，触毛只是稍微卷曲，于是把横片转移到另一片叶子上。开始时触毛没什么反应，到了5月9日已紧紧卷曲；5月11日，后被移入横片的叶片舒展开。很明显，横片软化了。克莱因博士告诉我，一些珐琅质和多数牙质都已经脱钙了。

5月1日，在叶片上放入小横片；5月2日，触毛发生中等程度的卷曲，叶片上有许多分泌液；持续到5月7日，叶片重新舒展开。横片转移到另一片叶子上，5月8日引发了强烈的卷曲，保持到5月11日叶片舒展开。克莱因博士告诉我，一些珐琅质和多数牙质都已经脱钙了。

5月1日，在叶片上放入唾液润湿的小横片，触毛紧紧卷曲；5月5日，叶片舒展，珐琅质没有软化，牙质微微软化。转移到另一片叶子上，5月6日早上，触毛强烈卷曲；持续到5月11日，珐琅质和牙质都稍微软化。克莱因博士告诉我，“一小半珐琅质和多半牙质都已经脱钙了”。

5月1日，在叶片上放入唾液润湿的小薄片牙质，触毛很快发生卷曲；5月5日，叶片舒展开，牙质变得和纸一样薄软。将薄片转移到另一片叶子上，5月6日早上，触毛强烈卷曲；持续到5月10日，叶片重新舒展开。脱钙后的牙质超级柔软，触毛重新伸展时，把它撕成了条状。

通过以上实验可知，珐琅质比牙质更不容易被消化，这是由于珐琅质的硬度极高；两者又比常见的骨头坚硬许多。开始发生消化作用后，后续进程就会顺利很多。将实验材料转移到新鲜叶片上时，4个实验中的叶片都在第一天里发生强烈触毛卷曲，而没转移之前，卷曲的速度和程度都小很多。珐琅质和牙质的纤维性基质上的棱角和凸起（除了实验四没有好好观察），都没有发生任何变化。克莱因博士说，在显微镜下观察发现，它们的内在结构也没有发生变化。

骨的纤维性基质

综上所述，开始时我曾错误地认为分泌液不能消化这种物质，所以我请桑德森博士测试人工胃液对于骨、珐琅质、牙质的作用。据他观察，这三种物质经过很长时间，都可以被胃液溶解。克莱因博士用显微镜观察一些在人工胃液中浸泡了一星期左右的猫头骨小切片，发现边缘处“好像基质减少了，骨小体周围骨小管变大了。另外，骨小体及其骨小管都显而易见”。这么说，经过人工胃液作用的骨，完全脱钙要先于纤维性基质的溶解。

桑德森博士的实验结果启发了我，茅膏菜不能消化骨的纤维性基质、珐琅质和牙质，可能是因为产生的酸都用来分解碱土盐了，没有多余的酸去消化这些物质。因此，我儿子使用稀盐酸把一块羊骨完全脱钙，取出7小片纤维性基质，放到7片叶子上，其中4片用唾液润湿，以加快卷曲速度。经过24小时，7片叶子都发生了卷曲，但程度一般。到了第二天，5片叶子都舒展开；到了第三天，另外2片叶子也舒展开了。所有叶片上的纤维性基质都变成了透明的黏稠物质，并且有一些发生了液化。我儿子用高倍显微镜观察到，一片叶子中央有几个骨小体，在周围透明的物质中，有一些纤维的迹象。这一结论告诉我们，骨纤维性基质对叶片的刺激有限，要是完全脱钙，很容易而且很迅速就会被分泌液液化。腺体与黏稠物质接触了两三天，颜色并没有变化，很明显没有从液化组织中吸取物质，或者说吸取了而没有产生任何影响。

磷酸钙

在“珐琅质和牙质”的实验中，第一组叶片的触毛紧紧地贴在极小的骨片上，持续了9～10天，转移到新鲜叶片上，又紧紧贴了六七天。因此，我假设能引发这种长期卷曲的，可能只是磷酸钙，而不是什么动物性物质。如上所述，至少能够肯定引发卷曲的原因并不是骨的纤维性基质。

对于珐琅质（只含有4%的有机质）和牙质，实验一和实验二中的叶片都卷曲了11天。

为了验证我对磷酸钙作用的假设，我从弗兰克兰教授那里得到一些绝不含有机质或者酸的样品。用水蘸湿一些，放在两片叶子上。其中一片受到的影响甚小；另一片发生强烈的触毛卷曲。持续10天后，少数触毛重新舒展开，多数触毛要么受到严重的伤害，要么已经枯死。

我又实验了一次，改用唾液蘸湿以加速卷曲。有一片叶子卷曲了6天（唾液量非常小，不会产生这么久的效果），然后死亡；另一片到了第六天，勉强开始舒展，然而到了第九天，还没完全舒展开就死亡了。

在上述4片叶子上放入的磷酸钙只有一丁点，但每次都残留许多没有被溶解。增加磷酸钙的量，仍用水蘸湿，放在3片叶子上，过了24小时，触毛发生强烈卷曲。然而，叶片没有再次舒展开；等到第四天，叶片好像生病了；到了第六天，几乎全部死亡。在这6天里，叶片边缘上垂着不太黏稠的液滴。每天用石蕊试纸测试，都没有变色。我不明白为什么会这样，因为过磷酸钙是酸性的。据我猜测，分泌液中的酸，部分用来生成过磷酸钙，之后被叶片吸收，所以伤害了叶片；边缘的液滴只是一种不太正常的分泌液。

由此可见，**磷酸钙是效果极强的刺激剂**。即便剂量极小也有害，就像生肉或其他营养丰富的物质一样，剂量过多肯定有害。因此，触毛长时间与骨头、珐琅质、牙质接触并没有产生什么反应，也许就是因为磷酸钙导致的。

明胶

霍夫曼教授给了我纯的胶片，为了做对照，我将其切成了大小相同的4块，放到附近潮湿的苔藓上。很快，明胶都膨胀起来，3天之后，切块仍有棱角；过了5天，棱角消失，切块变成了柔软的小圆团；过了8天，仍然能看到胶片的迹象。其他切块浸泡在水中也膨胀起来，棱角维持了6天。

在2片叶子上，放上边长为2.54毫米的正方形明胶（用水稍微蘸湿）。过了两三天，只留下一些黏稠的酸性液体，并且这种酸性液体没有变成胶冻的倾向。由此可以推测，分泌液对明胶和水有不同的作用，和胃液类似。

再取4片同等大小的明胶切块，在水中浸泡3天，取出后放在较大叶片上。经过2天，切块全部液化，液体呈酸性，然而并没有引发叶片的强烈触毛卷曲。经过四五天后，叶片重新舒展开，上面残留了大量黏稠液体，好像并没有吸收多少。其中一片叶舒展之后，没过一会儿就逮到一只小蝇；过了24小时，触毛紧紧卷曲。这表明，腺毛从昆虫体内吸收的动物性物质要比明胶的作用更加强大。

取更大的明胶切块放在水中浸泡5天，再放在3片叶子上。过了3天，触毛都没有发生显而易见的卷曲；到了第四天，切块才完全液化。同时，一片叶重新舒展；第二片到了第五天，第三片到了第六天，才重新舒展开。以上事实证明，明胶对于茅膏菜的作用不太大。

我想比较一下鱼明胶和纯明胶哪种作用力更强，因为鱼明胶中含有动物性物质。把两种胶分别以1：218的配比兑水做成溶液，每种取0.0295毫升，分别放在8片叶子上，那么每片叶子承受的重量为0.135毫克。其中，放了鱼明胶的4片叶子的触毛，要比另外4片的更加卷曲。可见，茅膏菜对可溶性蛋白质类物质要敏感得多。

等这8片叶子重新舒展后，放入一些肉屑，过了几小时，叶片全都发生了强烈的触毛卷曲。这再一次表明，肉类能引发茅膏菜的兴奋，比鱼明胶或者明胶的作用更大。我们已经知道，明胶并不含动物所需的营养物质，所以这种情况值得研究。

软骨胶

穆尔博士送给我一些软骨胶，开始胶体很软，经干燥后敲碎，取一点点碎屑放到一片叶子上，再取大一些的碎屑放到另一片叶子上。小一点的碎屑经过一天就液化了；大一点的碎屑剧烈膨胀，而且变得松软，经过3天才完全液化。

我又用没有经过干燥的胶冻做了实验，先切成小方块，其中一部分浸泡在水中，以做对照。经过4天，这些胶冻的棱角没有发生任何变化。在2片叶子上分别放上大小相同的方块，在另外2片叶子上分别放上更大的方块。后面2块经过22小时，叶片和触毛全都强烈卷曲；前面2块卷曲程度要小得多。这4片叶子上的胶冻此时都已经液化，呈酸性，腺体全都变成了黑色。经过46小时，叶片开始舒展；经过70小时，叶片平展，叶盘上残留少许略带黏稠的液体没有被吸收。

把1份软骨胶冻浸泡在218份沸水中，在4片叶子上各滴0.0295毫升，那么每片叶子承受的重量为0.135毫克（当然，如果按干胶冻算，重量会更少）。这种溶液作用力大，经过3小时30分钟，4片叶子都发生了强烈的触毛卷曲；过了24小时，其中3片叶子开始舒展；过了48小时，除了其中一片是部分展开，其余叶片全都舒展开。这时，所有液化了的软骨胶都被吸收干净。

由此可见，软骨胶溶液的作用远比纯明胶或者鱼明胶大且迅速。不过，某个掌握了充分证据的人告诉我，很难确认软骨胶是否纯净。假如它含有少许蛋白质，那么产生这样的结果就很正常了。然而，明胶的营养价值现在尚未明确，所以我认为这些实验结果值得记录，以供后人参考。

牛乳

牛乳能对叶片产生非常大的作用，然而我还不清楚是酪蛋白还是（乳）清蛋白发挥了作用。大滴牛乳能刺激出大量分泌液，所以有时候酸性极强的分泌液会从叶片上滴落；人工合成的酪蛋白也能引发同样的效果。小滴牛乳滴在叶片上，10分钟左右就会凝固。

希夫认为，胃液凝固牛乳的作用不都是因为盐酸，胃蛋白酶也起了作用。茅膏菜的酸是否是导致牛乳凝固的因素，尚不清楚，因为触毛强烈卷曲之后分泌的液体才能使石蕊试纸变色，并且小滴牛乳凝固的速度十分快。

于是，我把小滴脱脂牛乳滴在5片叶子上，经过6小时，凝固的乳滴大部分都溶解了；经过8小时，溶解得更多。过了2天，叶片重新舒展开。把叶盘上残留的黏稠液体小心刮下，放到显微镜下观察。开始，由于其中含有少量残留物，导致液体呈白色，让人误以为所有酪蛋白都没有溶解。然而，用高倍显微镜观察发现，这些只是聚在一起的油珠，没有看到酪蛋白的痕迹。

我对牛乳的镜检不太熟悉，所以请布伦顿博士帮忙观察。他用乙醚溶解了油珠，由此得出结论，茅膏菜分泌液能够快速地溶解牛乳中的天然酪蛋白。

人工合成的酪蛋白

这种酪蛋白不溶于水，很多化学家认为，其与鲜牛乳中的天然酪蛋白不一样。从霍普金斯和威廉斯两位先生那里，我得到一些固体酪蛋白小颗粒，以此做了很多实验。

小颗粒和粉末、干的或者用水润湿的人工酪蛋白，通常在2天后都能引发触毛的缓慢卷曲。有些用稀盐酸（与水的比例为1：437）润湿的人工酪蛋白，一天就可以引发触毛的卷曲，这和穆尔博士提供的天然酪蛋白效果一样。通常情况下，触毛的卷曲能够维持7～9天；其间，分泌液呈强酸性。到了第11天，在完全舒展的叶片上，残留了分泌液（呈强酸性）。人工酪蛋白引发的酸分泌的速度很快。有一片放了少量人工酪蛋白干粉末的叶片，边缘触毛还未卷曲时，中央腺体的分泌液已能使石蕊试纸变色。

把小颗粒固体人工酪蛋白用水润湿后，放在2片叶子上。过了3天，其中一片上的颗粒的棱角圆润了一些；经过7天，2片上的都成了柔软的颗粒，周围有大量的黏稠酸性分泌液。然而，浸在水中的颗粒也有这样的变化，所以不能说棱角是被分泌物溶解了。过了9天，叶片重新舒展开，肉眼看去，人工酪蛋白颗粒并没有缩小。这2个实验和其他实验的结果都是如此。由于人工酪蛋白是由一种蛋白质和一种非蛋白质结合而成的，所以叶片可能只吸收了少量蛋白质并兴奋起来，但不会将整个颗粒完全溶解。希夫认为，“对于化学家眼中的所谓‘纯’酪蛋白，胃液并不会将其消化”。对我们来说，这是一个重要发现。这个实验再次证明茅膏菜分泌液和胃液的相似性。

我曾用干酪（含有酪蛋白）做过一些实验：把边长为1.27毫米的干酪颗粒放在4片叶子上。过了一两天，触毛都强烈地卷曲，腺体分泌了大量的酸性液体；过了5天，叶片重新舒展开，但有一片叶子后来死亡了，其他几片叶子也受到了伤害。肉眼可见，残留在叶片上的干酪柔软小团块并没有变小。然而，由于触毛持续卷曲，一些腺体发生变色，其他一些腺体受到了伤害。据此可以推测，它们肯定从干酪中吸收了某种物质。

花粉

把少许新鲜豌豆花粉放在5片叶子上，触毛很快就卷曲了，并持续了两三天。

取出花粉颗粒放在显微镜下观察发现，颗粒已变色，而且内含物明显聚集。花粉壳里的多数物质已经收缩，有些空无一物，只有极少数长出了花粉管。毫无疑问，分泌液刺穿了花粉壳，而且消化了里面的部分物质。这一点就像那些吮吸花粉的昆虫仅靠消化液来消化，而不会咀嚼花粉。茅膏菜一定能从消化花粉的能力中获利，因为需要借助风力传粉的植物（如莎草、禾本科杂草、松树等）的花粉肯定会落在茅膏菜腺体周围的黏稠分泌液上。

面筋

面筋含一种溶于酒精的蛋白质和一种不溶于酒精的蛋白质。在水中漂洗面粉团，就可以获得面筋样品。

首先做一个预备实验，把大块面筋放在2片叶子上。经过21小时，触毛发生强烈卷曲，并维持了4天。此时，一片叶子死于伤害，另一片叶子的腺体变成了黑色，之后没有继续观察。

在另外2片叶子上放入小块面筋，过了48小时，触毛轻微卷曲，之后发生剧烈卷曲。分泌物的酸性强度不如酪蛋白引发的。在叶子上停留3天的小块面筋，与浸在水中同样时间的面筋相比更加透明。过了7天，2片叶子重新舒展开，面筋的大小没有任何变化，接触过面筋的腺体都变成了黑色。

把半腐坏的、更小块的面筋放在2片叶子上，过了24小时，触毛发生剧烈卷曲；过了4天，触毛完全卷曲，接触过面筋的腺体都变成了黑色；过了5天，有一片叶子开始舒展；过了8天，2片全部舒展开，叶片上残留一小点面筋。

把4块干面筋碎屑用水润湿，马上放在4片叶子上。它们与新鲜面筋发生作用的方式不同：过了3天，一片叶子几乎完全舒展开；到了第4天，其他3片也舒展开了。碎屑变得非常松软，发生液化，不过还没有完全溶解。接触过面筋碎屑的腺体没有变成黑色，而是变淡了许多，明显已经坏死了。

在上述几个实验中，虽然使用的是非常小块的面筋，但没有一块面筋完全溶解。因此，我拜托桑德森博士测试胃蛋白酶与盐酸合成的人工消化液能否把面筋溶解。结果显示，面筋完全被溶解了。然而，面筋受到的作用速度远比血纤维缓慢。若4小时内溶解的血纤维量为100，那么面筋只有40.8。此外，用另外两种酸，也就是丙酸和丁酸取代盐酸，与胃蛋白酶合成消化液，在同样温度下，面筋也发生了溶解。

这个实验说明，茅膏菜分泌液与胃液有一个本质的区别，即酶不同。胃蛋白酶与醋酸系的各种酸合成的消化液，都可以对面筋产生强大的作用，而茅膏菜分泌液对面筋几乎没有作用。

我认为，这是由于面筋是一种强而有力的刺激剂，就像生肉、磷酸钙甚至大块的熟蛋白一样。腺体还没来得及分泌出液体之前，就已经受到面筋的伤害甚至死亡了。从触毛保持卷曲的时长以及腺体颜色发生重大变化上可以推测，面筋中的某些物质被吸收了。

桑德森博士建议，先把一些面筋放在稀盐酸（浓度为0.02%）中浸泡15小时，剔除所含的淀粉。这个时候，面筋会变成无色、透明的小团块，并且膨胀许多。取出一小部分，清洗干净，分别放在5片叶子上，很快触毛就发生强烈的卷曲。然而令我惊讶的是，过了48小时，所有叶片都完全舒展开。其中2片有一点残留物，其他3片用肉眼看什么也没留下。我儿子把后面3片上的黏稠酸性液体刮下来，用高倍镜观察发现：里面有一些残渣，以及很多没有被盐酸溶解的淀粉颗粒，此外什么也没有。这几片叶子只有少数腺体颜色变淡。由此可知，用稀盐酸处理过的面筋作为刺激剂时，不如新鲜面筋那么有效，持续时间也短，对腺体的伤害也不那么厉害，而且分泌液能快速消化它。

眼球蛋白

穆尔博士帮我用眼球晶状体制成一种无色透明的固体碎片，内含眼球蛋白。我听说眼球蛋白会在水中膨胀，然后溶解，多数会变成树胶状的液体，然而我使用的碎片浸泡在水中4天也没有发生这样的变化。

将一些眼球蛋白颗粒用水润湿，一些用盐酸润湿，还有一些在水中浸泡一两天，把它们分别放在19片叶子上，经过几小时，大多数叶片上的触毛，特别是放了水浸颗粒的，都发生了强烈卷曲。三四天后，多数叶片舒展开；也有3片分别多卷曲了1、2、3天。因此，肯定有一些刺激性物质被吸收了。不过，这些碎片的棱角没有任何变化，也许比浸泡在水中的要软一些。

由于眼球蛋白是一种蛋白质，这让我非常惊讶。我想比较分泌液和胃液的作用，于是请求桑德森博士测试我使用的这种眼球蛋白。他告诉我："把含有0.2%的盐酸和1%狗胃黏膜甘油溶液混合，1小时内，这种混合溶液可以消化0.141的眼球蛋白。而在同样时间内，这种混合溶液溶解了1.31倍的没有煮过的血纤维。"由此可以得出结论，在同样时间内，眼球蛋白溶解的重量，比血纤维少得多。另外，胃蛋白酶与醋酸系的酸合成消化液时，消化能力只是与盐酸合成的胃液的1/3，这就是为什么茅膏菜分泌液不能使眼球蛋白的棱角消失，或者使其变得圆润。不过，腺体也从中吸收了一些可溶性物质。

正铁血红素

别人给了我一些用牛血制成的暗红色颗粒，其不溶于水、酸以及酒精，所以它们很可能是正铁血红素和血液中其他物质的混合物。把小颗粒用水润湿，分别放在4片叶子上。过了2天，其中3片叶子的触毛发生了强烈的卷曲，第四片卷曲程度差一些。到了第三天，接触到正铁血红素的腺体都变成黑色，一些触毛好像受到了伤害。第五天之后，有2片叶子死亡，第三片濒临死亡，第四片重新舒展开，不过有一些腺体变成了黑色，明显受到了伤害。

由此看来，对于茅膏菜来说，正铁血红素要么有毒，要么刺激过强。与浸泡在水中相比，正铁血红素颗粒软化了不少，不过肉眼看不到外观的变化。桑德森博士用人工消化液处理，方式与处理眼球蛋白相同，1小时内溶解的正铁血红素只有0.456。虽然数量很低，但也说明茅膏菜分泌液极有可能溶解正铁血红素。人工消化液作用后的残留物，无论放到茅膏菜消化液里几天，都不再发生变化。

分泌液无法消化的物质

上面所列物质都能引发触毛的长时间卷曲，而且或多或少会被分泌液溶解。但对某些物质，甚至一些含氮物质，分泌液则完全不起作用，触毛也几乎不会发生卷曲。我曾经测试过这些不能引发兴奋又无法消化的物质，包括动物表皮（如人的指甲屑、毛发、翮）、弹性纤维组织、黏蛋白、胃蛋白酶、尿素、甲壳质、叶绿素、纤维素、棉花、火药、淀粉、脂肪与油。

除了上述物质，溶解的糖、树胶、稀释过的酒精、不含蛋白质的植物浸液，也都无法引发卷曲。值得一提的是，动物胃液对这些物质也不起作用，不过有一些能被消化道中其他分泌液消化。这一事实也许能为茅膏菜酶与胃蛋白酶的相同或相似提供充分的证据。利用上面物质多次在茅膏菜的叶片上做试验，分泌液无一例外不起作用，所以在此不做过多记述。我还测试过其他一些物质，经过如下。

弹性纤维组织

肌肉、松散结缔组织和软骨都会完全溶解，然而弹性纤维组织，即使是最小的一条，也不会被消化。而且，动物的胃液对其也完全不起作用。

黏蛋白

黏蛋白含有7%的氮，我本以为它会引发触毛的强烈卷曲，而且会被分泌液消化。然而，我错了。

穆尔博士帮我制备了干且硬的黏蛋白，但我不知道它的纯度。我把黏蛋白颗粒用水润湿，放在4片叶子上。48小时之后，只有黏蛋白颗粒附近的触毛稍稍卷曲。然后，把肉屑放在这4片叶子上，触毛马上强烈卷曲。

把黏蛋白颗粒浸在水中，过了48小时，挑出大小相当的颗粒，分别放在3片叶子上。过了4天，边缘触毛稍微卷曲，叶上的分泌液经过测试呈酸性。然而，边缘触毛再也没有发生任何变化。到了第四天，一片叶子舒展开；到了第六天，其他2片叶子也都舒展开。接触过黏蛋白的腺体，颜色变暗了。

由此可见，这种黏蛋白含有少许杂质，能引发触毛中等卷曲，也能被腺体吸收。桑德森博士也做了实验，证明了我使用的黏蛋白的确含有某些可溶性物质。他使用人工胃液来测试这种黏蛋白及血纤维，过了1小时，黏蛋白和血纤维溶解的比例为23：100。

经过茅膏菜实验的颗粒比浸泡在水中的松软，不过棱角没有任何变化。我们可以推断，黏蛋白没有被溶解或者消化。按照希夫的说法，在消化过程中，胃壁之所以不受侵蚀，是因为有一层黏蛋白的保护。

胃蛋白酶

其实，此实验结果不值一提，因为几乎不可能制备纯的胃蛋白酶。然而，我确实想弄清楚，茅膏菜分泌液中的酶能否对动物胃液中的酶发生作用。首先，我用普通的药用胃蛋白酶，后来改用穆尔博士帮我制成的纯一点的胃蛋白酶。

在5片叶子上放入前者，触毛的卷曲维持了5天，然后有4片叶子死亡。这是由于所受刺激过大。再使用穆尔博士的制成品，用水调成糊状，滴放在5片叶子上，分量与茅膏菜能立刻溶解的肉屑或者熟蛋白一样。没用多长时间，触毛就发生了卷曲；过了20小时，其中2片叶子舒展开，其他3片叶子也在44小时之后完全舒展开。接触过胃蛋白酶的腺体以及周围也分泌了酸性分泌液的腺体，颜色变淡许多，其他腺体颜色特别深。刮取一些分泌液放在高倍镜下观察发现，其中有许多颗粒。这与在水中浸泡了同样时间的胃蛋白酶毫无区别。由此可以推断，茅膏菜的酶不能消化胃蛋白酶，也就是对胃蛋白酶不起作用，引起卷曲的是胃蛋白酶中所含的杂质（可能是一种蛋白质，但量很少）。如果杂质含量稍微多一些，便会对叶片造成伤害。我曾经请求布伦顿博士帮我确认，加盐酸的胃蛋白酶能否消化胃蛋白酶，据他说不能。所以这再次说明，胃液与茅膏菜分泌液类似。

尿素

作为动物体内的一种废料，尿素含氮量极高。它能否像其他动物性液体或者固体物质一样，被茅膏菜腺体吸收，并使触毛弯曲呢？

1份尿素兑437份水，取此溶液滴在4片叶子上，每滴大约为0.0295毫升，重量约为0.0675毫克（这也是我最常使用的剂量之一），叶片没有任何反应。然后，在这4片叶子上放入生肉屑，触毛很快就卷曲。用穆尔博士制成的新鲜尿素重复上述过程，过了48小时，叶片没有反应；再次滴入同等剂量的尿素，也没有任何反应。之后滴入剂量相同的生肉浸液，过了6小时，触毛发生明显卷曲；过了24小时，叶片出现过度反应。

可见，对于茅膏菜来说，尿素不能使其兴奋，也没有什么营养价值；在茅膏菜分泌液的作用下，它也不能变成营养物。布伦顿博士应我的请求，在圣巴索罗妙医院做了人工胃液（用胃蛋白酶与盐酸合成的消化液）的实验，结果人工胃液也对尿素不产生作用。

甲壳质

被叶片捕捉的昆虫的甲壳质外皮，没有受到任何腐蚀。我曾经做过一个实验，把隐翅虫薄薄的内翼与鞘翅方片放在几片叶子上，等到叶片重新舒展开，再仔细检查这些方片。它们的边角没有任何变化。从外观来看，其与浸泡在水中的结果没有任何差别。能明显看出，鞘翅中含有一些营养性物质，因为触毛紧紧卷曲了4天；而包裹内翼的叶片，第二天就开始舒展了。只要检查食虫动物的排泄物，就能发现动物胃液对甲壳质束手无策。

纤维素

我没办法得到纯的纤维素，只好用带棱角的干木头、软木、木藓、亚麻布、棉纱线等代替。这些物质丝毫没有被分泌物侵蚀，即使引发卷曲，也与普通的无机物一样。使用火药棉花（由氮取代纤维分子中的氢制成）进行实验，结果也相同。

卷心菜汤能引发触毛的强烈卷曲，于是我从卷心菜叶片上切了2小块，又从中脉上切了4小块，分别放在6片茅膏菜叶上。12小时之内，触毛发生了强烈的卷曲，持续了2~4天，且卷心菜小块一直浸泡在酸性分泌液里。这个结果说明，卷心菜原来含有的某些刺激性物质被吸收了，下文我们会谈到这些刺激性物质。这些切块的棱角没有任何变化，说明纤维素性骨架并没有被侵蚀。使用菠菜叶片进行实验，结果也一样；腺体上覆盖了适量酸性分泌液，触毛持续卷曲了3天。上文曾提过，花粉粒薄薄的外壁不会被分泌液溶解。众所周知，动物胃液对纤维素毫无作用。

叶绿素

叶绿素含氮，因此也被我用来实验。穆尔博士给了我一些酒精保存品。我先使其干燥，但随即就潮解了。在4片叶子上放入小颗粒样品，过了3小时，分泌液呈酸性；过了8小时，触毛发生一些卷曲；过了24小时，触毛发生了强烈的卷曲。4天后，其中2片叶子舒展开，另外2片近乎平展。显而易见，这种叶绿素含有刺激性物质，能引发卷曲。不过，用肉眼观察，看不出颗粒有所溶解，可见纯叶绿素不会被分泌液侵蚀。

桑德森博士分别将我的样品和新制成的叶绿素放入人工消化液，发现两者都不能被消化。布伦顿博士也做了一个实验，使用依据英国药典制成的样品，在37℃的温度下，用消化液处理了5天，颗粒也未见有什么变化，但混合液变成了淡淡的褐色。从多数动物排泄物的颜色上判断，动物胃肠道分泌液应该对叶绿素毫无作用。

不过，这些事实并不表明，分泌液不能消化活植株内的叶绿粒（被叶绿素染了色的原生质）。我儿子弗朗西斯用唾液润湿了一片菠菜叶，取其中一块放在茅膏菜叶上，另外一块菠菜叶放在湿棉花上，保持相同温度，过了19小时，茅膏菜叶片上的菠菜叶已被卷曲触毛的分泌液覆盖。

取出菠菜叶在显微镜下仔细观察，没有看到完整的叶绿粒：一些缩成一团，变成了黄绿色，集中在细胞中央；一些解体变成了黄色的团块，也聚集在细胞中央。然而，放在湿棉花上的菠菜叶，叶绿粒完整，颜色如初。弗朗西斯同时也在人工胃液里放了些菠菜叶，发生作用的方式与茅膏菜分泌液毫无差别。我们知道，新鲜卷心菜和菠菜叶能引发触毛卷曲，也能使腺体充满酸性分泌液。引发卷曲的，肯定是组成叶绿粒以及黏附在细胞壁周围的原生质。

脂肪与油

把没有烹调过的、纯度较高的脂肪颗粒放在叶片上，棱角没有发生任何变化。前文提到，牛乳中的脂肪球不会被消化。把橄榄油滴在叶片中央，没有引发卷曲；然而叶片浸泡在橄榄油中，会发生强烈卷曲。动物胃液同样不能消化油性的物质。

淀粉

大块干淀粉能引发强烈的卷曲，到了第四天，叶片才舒展开。不过，我相信这是由淀粉一直在吸收分泌液，持续刺激腺体所致。干淀粉的体积没有任何变化；浸泡在淀粉浆里的叶片也没有任何反应。同样，动物胃液不能消化淀粉。

茅膏菜叶片消化能力的概括和总结

吸收了含氮物质或受到机械刺激引发叶片兴奋时，叶片腺体的分泌液就会增多，而且会变成酸性。它们会向边缘触毛的腺体传导某种刺激，使其分泌量加倍，分泌液变成酸性。按照希夫的说法，动物的胃受到机械刺激之后，胃腺会兴奋，分泌出酸性液体，不过不分泌胃蛋白酶。虽然事实尚不明晰，但我相信茅膏菜的腺体不断分泌黏稠的液体，是为了补偿蒸发带来的损失，而且它受到机械刺激时，并不会分泌消化酶，只有吸收了某些物质（也许是含氮物质）后，才会分泌。例如，很多叶片的中央区域受到玻璃屑的刺激后，分泌出的液体不能消化熟蛋白。希夫认为，动物的胃腺只有在吸收了胃分泌源（即某些可溶性物质）之后，才会分泌胃蛋白酶。因此，茅膏菜腺体和胃腺在酸和酶的分泌过程中，有显而易见的相似性。

在本章中，我们看到了分泌液能溶解熟蛋白、肌肉、血纤维、松散结缔组织、软骨、骨的纤维性基质、明胶、软骨胶、牛乳中的天然酪蛋白以及经过稀盐酸处理的面筋，等等。新鲜面筋不能被分泌液消化，大量的分泌液反而会伤害腺体，因为腺体会吸收一部分分泌液。生肉（除非是分量极小的肉碎）和颗粒较大的熟蛋白等，也会伤害叶片，就好像动物会消化不良一样。我不清楚这种类比是否恰当，不过需要注意，卷心菜汤要比浸入水中的卷心菜，对茅膏菜引发的兴奋程度剧烈得多，前者的营养价值也高。

上述实验中最特别的一个，是对软骨这种坚硬物质的溶解。磷酸钙、骨、牙质，特别是珐琅质的溶解，看上去相当神奇；然而，溶解只是持续分泌一种酸的结果。在这些例子中，分泌酸的时间远比其他的要持久。分泌的酸用于溶解磷酸钙时，其过程不是真正的消化。然而，等骨彻底脱钙之后，纤维性基质随即被侵蚀，变得容易液化，这也是值得探究的事实。

上述提及的分泌液能完全溶解的几种物质，也能被高等动物的胃液溶解，而且两者的消化方式一模一样。例如，熟蛋白颗粒的棱角逐渐圆润和肌肉组织横纹的消失过程。

茅膏菜分泌液和胃液都能从眼球蛋白和正铁血红素样品中溶解出某种成分或杂质。分泌液能从化学制成的酪蛋白中溶解出某种物质。普遍认为，这样的酪蛋白含有两种成分；而希夫认为，胃液对化学制成的酪蛋白不发生作用，这多半是他忽视了其中含有少量的蛋白质，因为茅膏菜能够检测并吸收这种物质。纤维软骨虽然部分发生了变化，但茅膏菜分泌液和胃液的效果一样不明显。它和我所用的正铁血红素一样，也许应被列为不能被消化的物质。

现在已知胃液发生作用完全依靠胃蛋白酶与一种酸的结合。前面的实验已使我们有充分的证据证明，茅膏菜分泌液中存在一种酶，仅在酸性条件下才会发生作用。例如，用小剂量的碱液中和分泌液中的酸，熟蛋白颗粒的消化马上终止，再加入少量盐酸，立刻就恢复了。

以下这些物质，即动物表皮产物、弹性纤维组织、黏蛋白、胃蛋白酶、尿素、甲壳质、纤维素、棉花火药、叶绿素、淀粉、脂肪与油，茅膏菜分泌液对它们不起作用；根据已知事实，这些物质也不会被动物胃液消化。我使用的黏蛋白、胃蛋白酶和叶绿素样品，均含有某些可溶性物质，所以茅膏菜分泌液和人工胃液多少会发生作用。

被分泌液彻底溶解，并被腺体吸收了的物质，对叶片产生的影响不同，引发卷曲的速度不同、程度不同，触毛维持卷曲的时间也各不相同。引发快速卷曲的因素有以下几点：

- 所给的剂量使许多腺体同时受到作用；
- 物质被分泌液渗透和液化的难易程度；
- 物质的本性。

这其中最重要的是，溶液是否已经溶解了某些刺激成分。比如，唾液和生肉浸液远比浓明胶溶液影响大。叶片吸收了一点纯明胶或者鱼明胶溶液（后者比前者更有力度）后舒展开，再放肉屑时，卷曲比原来更强、更快。不过，叶片在再次卷曲之前，通常会休息一段时间。明胶和眼球蛋白浸泡在水中后，以及经过稀盐酸处理的面筋，都比新鲜样品引发的反应更快。这是由于结构改变，化学性质也发生了变化。

决定触毛持续卷曲时间的主要因素是所给物质的剂量，其次是物质被分泌液渗透和液化的难易程度，以及物质的本性。对于较大碎屑（液滴），触毛卷曲的时间总比小碎屑（液滴）要持久。对于人工合成的酪蛋白颗粒，触毛卷曲的时间非常长，则是因为其结构。而对于细小的沉淀磷酸钙粉末，触毛卷曲的时间同样非常长，是由于含磷。叶片卷着昆虫尸体的时间也很长，不过还不确定是否由甲壳质外壳的保护作用所致。触毛卷曲速度之快，足以证明昆虫体内的动物性物质很快就被吸收了（也许是渗漏到周围浓浓的分泌液中了）。

肉屑、熟蛋白、新鲜面筋等，以及大小相同的明胶、松散结缔组织、骨纤维性基质颗粒，在作用时间上的差别，反映了物质性质不同对茅膏菜的影响。比起后面几种物质，前面几种引起的反应更为迅速、强烈，持续卷曲的时间也更加长久。因此，我们可以假设，对于茅膏菜来讲，明胶、松散结缔组织、骨纤维性基质远比昆虫、肉屑、熟蛋白营养价值低。这个结论很有意思，明确了明胶、松散结缔组织、骨纤维性基质不能给予动物很多营养。我使用的软骨胶样品，比明胶作用更强，不过我没办法证明其纯度。

最特别的是，属于“原蛋白类”的血纤维引发的触毛卷曲，和明胶、松散结缔组织、骨纤维性基质引发的卷曲差不多；而原蛋白类包含“清蛋白”这一亚群。尚不清楚动物只吃血纤维能够生存多久，然而根据桑德森博士的观点，肯定比只吃明胶要活得久。从茅膏菜的效果来看，熟蛋白比血纤维的营养价值应该更高。眼球蛋白也属于原蛋白类的一个亚群，含有能使茅膏菜强烈兴奋的某种物质，分泌液却不起任何作用，胃液也很难消化它，速度异常缓慢。眼球蛋白对于动物的营养价值还不清楚。

综上所述，各种可消化的物质作用于茅膏菜时有很大的差别，所以它们对于茅膏菜和动物的营养价值也各不相同。

茅膏菜腺体能够从活的种子里吸收物质，分泌液会伤害或者杀死种子。茅膏菜也能够从花粉颗粒和新鲜叶子中吸收营养，草食高等动物的胃便是这样的情况。茅膏菜原本是食虫植物，然而风吹来的花粉或者附近植物的种子及叶片，会偶尔落到腺体上，它也能够以此为食。

最后，本章所列的实验表明，**动物胃液中胃蛋白酶与盐酸的作用、茅膏菜分泌液中酶与醋酸系酸的作用，有明显一致的消化能力**。不用怀疑，两种酶虽然不完全一样，但肯定是类似的。植物和动物分泌相同或者相似的分泌液，进行相同的消化作用，这真是生理学上的新鲜事。

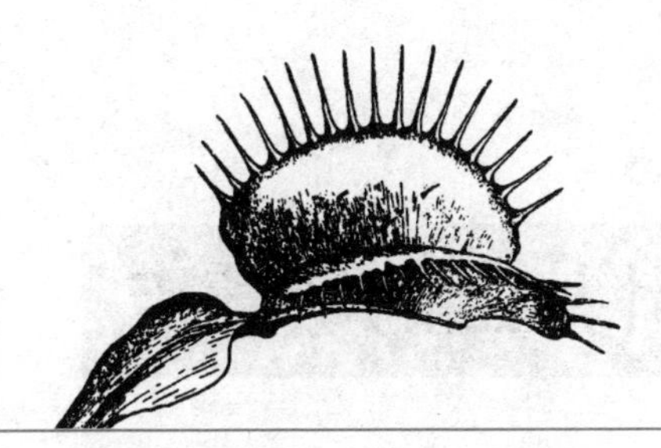

Chapter 7

叶的敏感性和运动冲动的传导途径

在前面几章，我们已经了解了各式各样的刺激物对触毛及叶片产生的影响。这些刺激物包含化学和机械两种。接下来，我将阐述两个问题：

- 叶片上的敏感点或易受刺激的点有哪些；
- 运动冲动是如何传导的。

叶片上的敏感点

腺体已被确定为感受器，除此之外，其下方的某个部位也应该具有一定的敏感性。因为用锋利的剪刀快速剪掉腺体而不触碰触毛，触毛仍会卷曲（只有少数例外）。之后，触毛会重新舒展开，但再在其上添加任何刺激物，都不会引发卷曲。这些失去了腺体的触毛只会在中央触毛受到刺激之后，接收兴奋信号，从而发生卷曲。另外，这种触毛在因去掉腺体而卷曲时，里面的原生质会发生逐渐增强的聚集，但聚集的速度十分缓慢。

用力、多次刺激边缘触毛毛柄，或者在触毛基部上表面或触毛的其他不含腺体的部分放上生肉等刺激物，都不会引发明显的卷曲。在这些生肉放置了一段时间后，把它们轻轻向上推，直至触碰到腺体，触毛1分钟内就会卷曲。

我认为叶片本身并不敏感。在柳叶刀穿透叶片之后，触毛不会发生任何卷曲。但用针刺同样几片叶子，其中有10片上的触毛发生了不规则卷曲。我想这是由于在用针刺的时候，我不得不扶着叶片的背面，所以将一些额外的刺激带给了边缘触毛，从而引发了轻微卷曲。

叶片背面通常长有很多乳突，它们不能分泌液体，但可以吸收。这也许意味着叶片背面也曾有触毛和腺体，只不过后来退化成乳突。为了测试乳突的功能，我进行了多次实验，用了37片叶子。这其中包括反复用针刮蹭乳突，在上面放上牛乳、生肉、苍蝇碎片或各种可引发触毛兴奋的物质，但它们都没能引起乳突分泌液体，也没有触发叶片其他部分的任何运动。

因此，目前的研究显示，叶片上的感受器就是腺体及紧邻腺体的触毛细胞。腺体的兴奋程度只能由其影响的周围触毛的数量，以及这些影响的扩散速度和程度来衡量。活跃程度、所处温度（这个条件非常关键）都相同的叶片，可由以下物质引发不同程度的兴奋：

- 不兴奋——剂量极少的稀溶液；
- 触毛弯曲——加大溶液剂量或浓度；
- 触毛卷曲——触碰三四次腺体（一两次不引发）。

另外，影响腺体兴奋程度的因素还有两点。

其一，物质的性质：

- 将玻璃屑、明胶和生肉放到叶片的中央，它们都能引发触毛卷曲，但生肉无论是速度还是程度，都比其他两种物质的强，而且影响的范围大。

其二，同一时间受到刺激的腺体数量：

●在一两条叶片中央腺体上放上生肉，只会引发自身及周围几根触毛发生卷曲；

●加大生肉的体积，使多个腺体受到刺激，卷曲的触毛也随之增加；

●若三四十条腺体同时受到刺激，那么全部触毛都会卷曲，有时甚至连叶片也会卷曲。

由此可见，相比单条腺体，受刺激的腺体数量越多，所传导的冲动越快，触及范围越广。

运动冲动的传导

刺激腺体所产生的冲动会一路向下传达至触毛基部，从而带动整根触毛和腺体运动。可以说，一根触毛的冲动传递是通过整个毛柄来实现的。而当某根或某几根腺体受到刺激时，冲动是由这些腺体所在的触毛向周围其他触毛传递的。这种冲动可以传达至整个叶片上的所有触毛。在这两种冲动传递中，触毛内部的无疑要比触毛之间的迅速、容易得多。例如：

●一小滴铵盐稀溶液滴在一条腺体上，就可以引发整根触毛的卷曲。但加大铵盐溶液的浓度，并滴一大滴在20条腺体上，除了这几条腺体所在的触毛，只有周边几根触毛发生了卷曲，而边缘触毛毫无反应。

●在边缘触毛腺体上放一点肉屑，最快10秒就会引发触毛卷曲。但在中央的几条腺体上放一大块肉屑，边缘触毛要半小时甚至几小时后才会卷曲。

当一条或多条腺体受到刺激时，冲动会由近至远逐步传递，所以引发中央腺体兴奋后，最边缘的触毛会最后卷曲。不过，叶片上各个区域的触毛传递冲动的方式稍有区别。在边缘触毛的一条腺体上放上小肉屑，这条触毛会快速作出反应，但周围其他触毛都不为所动。直到这粒小肉屑被触毛送到中央腺体上，并且中央触毛由此作出反应时，周围乃至所有边缘触毛才会卷曲。

另外，在中央腺体上放上肉屑，叶尖一端和叶基一端的触毛比叶片两侧的触毛卷曲的数量更多，虽然叶片两侧的触毛离刺激源更近。这是否意味着冲动的纵向传导更容易呢？我为此进行了35个实验。将肉屑分割成等大的极小块，一部分放在18个叶片或左侧或右侧的腺体上，另一部分放在17个叶片或尖端或基部的腺体上。如果运动冲动的传导是相同的，那么无论肉屑放在叶片两侧还是两端，相同距离范围内受到影响的触毛也应该是相同的，可结果却不是这样。在论述结果之前，我先举几个特例。

将一小块苍蝇尸体放到叶片的一侧腺体上，32分钟后，尸体周围7条边缘触毛发生了卷曲。随着时间的推移，这一侧的触毛都发生了卷曲，最后连同这一侧的叶片也发生了折叠——与另一侧叶片形成一个直角。尽管如此，另一侧叶片上的触毛没有一个发生卷曲。叶片两侧的分界线明显，从叶尖延伸到叶基，直到3天后才逐渐消失。

一只小苍蝇落到一片叶子的左侧，随即被该侧触毛紧紧裹住。由于小苍蝇拼命挣扎，导致另一侧触毛也发生了卷曲，但由于它们实际上并未接触小苍蝇，所以15小时后又舒展开，而左侧的触毛则卷曲了好几天。

将一块较大的肉屑放到叶基的中心，2小时30分钟后，周围几条触毛都发生了卷曲；6小时后，叶基两侧和上面部分触毛都发生了一定的卷曲；这种冲动逐渐向上传导，8小时后，尖端的触毛也发生了卷曲，但两侧触毛发生卷曲的相对较少；23小时后，大部分触毛都已卷曲，只有两侧边缘的几根毫无反应。

对比实验三，再将一块较大的肉屑放到叶片尖端。实验结果完全相同，只是卷曲开始的位置与实验三相对。

将一粒极小的肉屑放到叶片的一侧，几小时后，周围触毛都发生了卷曲，对侧叶基附近也有几条触毛微微弯曲。48小时后，对侧基部的这几条触毛有舒展的趋势，于是在第一粒小肉屑附近又放了一粒大小相同的新肉屑。又过了48小时，对侧有几条触毛发生了卷曲。当这几条触毛舒展开以后，我再次在原位置周围放了一粒大小相似的肉屑，24小时后，对侧触毛全部发生了卷曲。在整个实验过程中，同一侧的触毛无论尖端还是基部，始终紧紧卷曲着。

下面来说说那35个实验的结果。18片一侧被放置肉屑的叶子，有8片同侧多数触毛卷曲，其中4片甚至连叶片也卷曲了，但对侧触毛却毫无动静。剩下的10片叶子则是对侧个别触毛也发生了卷曲，其中几片只是叶尖或叶基的对侧触毛卷曲。值得注意的是，对侧触毛发生卷曲的时间要远远迟于同侧，其中一片叶子的对侧触毛的卷曲甚至发生于4天之后。与实验五相比，要多次给一侧腺体刺激，才能使整片叶子的全部触毛都卷曲。

17片一端被放置肉屑的叶子，出现了与上述18片叶子完全不同的结果。3片叶子由于肉屑太小或叶片本身不敏感，只有个别几条触毛发生了卷曲。剩下的14片叶子，无论肉屑被放置于哪一端，另一端的触毛都全部卷曲了。值得注意的是，肉屑被放置的位置与叶片中心点的距离，无论放置于一端还是一侧，都是一样的。而肉屑被放置于一侧的实验中，触毛无论卷曲程度还是速度都远小于被放置于一端的。

从35个实验中可以得出：刺激一个或几个相邻腺体产生运动冲动后，通过叶片向其他触毛传递冲动时，纵向传递的速度快于且程度强于横向传递。

只要腺体处于兴奋状态（有些可持续长达11天），它们就会源源不断地向毛柄传递冲动，否则毛柄就会恢复成初始状态。例如，刺激源是无机物时，触毛的卷曲时间就很短，因为无机物不能使腺体持续兴奋；刺激源是含可溶性氮的有机物时，腺体就会因为持续兴奋而使触毛持续卷曲很久。

从触毛开始弯曲就可以得知，腺体向下传导冲动的过程往往几秒钟就会发生，而且最初的效果最强。

在中央腺体上放一个刺激物使周围触毛也发生卷曲，然后周围触毛的腺体也开始大量分泌酸性液体。这说明，中央腺体所受的刺激已经影响了这些腺体。触毛的卷曲并不影响分泌液的性质和数量，因为中央短触毛的腺体也可以大量分泌酸性液体，可它们从不卷曲。因此，我认为受到刺激的腺体先对自身所在触毛传递冲动，之后这些冲动又被触毛传递给周围的触毛。周围触毛在接收了冲动信号后，将这些信号传递给腺体，腺体再对触毛发出弯曲的指令。但一个实验结果使我改变了想法。

用利剪迅速齐根剪掉腺体而不伤害触毛，会使触毛发生卷曲，但很快恢复。这些触毛并没有因失去腺体而丧失活力，有一片叶子在除去腺体后仍维持了10天的活性。于是，我在不同时间，分别剪去了不同叶片的25条腺体。其中，17条失去腺体的触毛发生了卷曲，之后又舒展开。触毛一般会卷曲8～9小时，之后又耗时22～30小时舒展。待它们完全舒展后的1～2天，我将一些浸过唾液的肉屑放在这些失去腺体的触毛所在的叶片中央，第二天早上，7条失去腺体的触毛与其他健全的触毛一起，紧紧地裹住了肉屑。还有一条触毛（第八条）在3天后才发生卷曲。将这些叶片上的肉屑拿掉，再用清水清洗叶片，3天后，没有腺体的触毛舒展开。这些触毛里原生质几乎没有聚集，说明它们没有吸收肉屑中的物质，而其他有腺体的触毛则发生了大量聚集。

这些实验说明，**腺体传导冲动的方式与动物神经反射式传导不同**。周围触毛在接收到冲动信号后直接作出反应，而不需要经过腺体。

原生质聚集是植物界特有的。聚集的前提并不包含触毛卷曲，例如，将叶片浸入某种液体就会发生不卷曲聚集；也不包括腺体分泌的增强，例如，不分泌液体的乳突也会发生原生质聚集。

腺体受到有效刺激后，原生质的聚集顺序是：腺体内—紧邻腺体的触毛细胞—触毛基部细胞。整个过程是由上至下的。当中央腺体受到刺激后，边缘触毛内的原生质聚集也是按照这个顺序（聚集总是先发生在腺体里）进行的。这一点可以从分泌物的增加和性质改变得以证明。

原生质聚集可以看作一种反射，就像动物的感觉神经受到刺激后，经过神经节的传导，最后肌肉作出反应。但二者之间也有本质上的差别，不能相提并论。原生质的恢复是从触毛基部开始的，最后才是腺体。也就是说，最先开始聚集的部分最后才恢复。因为聚集的程度越向下越轻微，所以恢复起来也比较容易。

触毛卷曲的方向

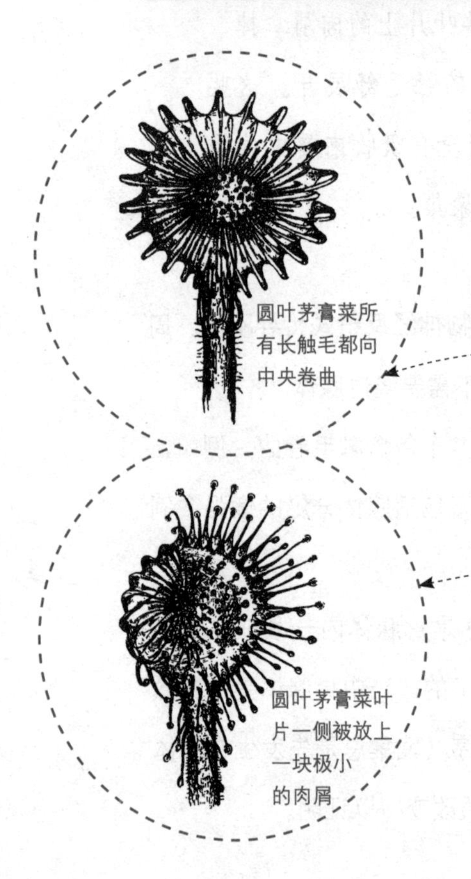
圆叶茅膏菜所有长触毛都向中央卷曲

圆叶茅膏菜叶片一侧被放上一块极小的肉屑

边缘触毛在受到有效刺激发生卷曲时，卷曲的方向总是朝着叶片中心；将叶片浸入有刺激性的液体，所有发生卷曲的触毛都向着叶片中心。最后，所有卷曲的触毛围绕叶片中央形成一个圆环，中间无法弯曲的短触毛则保持直立。

叶片一侧的某个或某几个腺体受到有效刺激时，周围触毛则会向兴奋点卷曲，而不是叶片中央。

●用针将一块极小的肉屑放在

中心与边缘之间的几条腺体上，周围的触毛就会向这一点卷曲。最后形成了一个特定的形状。

●用针在一片叶子的两侧分别放上一块用唾液润湿的磷酸钙颗粒。虽然边缘触毛都没有卷曲，但这两块颗粒刺激的腺体周围的触毛都卷曲过来。最后，这片叶子上形成了两个小圆轮。

令人惊叹的是，这些触毛卷曲的方向都直指刺激源，非常准确，几乎没有偏差。即便是不会弯曲的短触毛，在感受到传导过来的冲动时，也会向着冲动的来源稍微倾斜。而把整个叶片放到可以引起兴奋的液体中时，这些短触毛则会向中心倾斜。如果将腺体自身受刺激后倾斜的角度定为正向，那么向外侧倾斜则偏差了180°。这些短触毛可以向0～180°之间的任何角度倾斜，颇为准确。

尽管触毛的定向卷曲的准确率很高，但当刺激源距离较远时也会产生误差，例如，边缘触毛在向对侧刺激源卷曲的时候。可见，当冲动沿着整片叶子传导至另一侧时，会有一定的削弱。这一点也和前面讲述的，纵向传导强于横向传导相吻合。另外，边缘触毛的定向卷曲的准确率没有短触毛的高。

这种精准的运动模式表明，茅膏菜的冲动传递方式是辐射型的，且触毛先受到刺激的一面会先收缩，从而向着刺激源卷曲。

触毛的毛柄横切面为椭圆形，纵切面较为扁平。从横切面看，短触毛毛柄由5个细胞构成，边缘触毛毛柄则含有6～7个细胞，最外缘也就是最长的触毛大约有12个细胞。令人惊讶的是，如此少的细胞竟可以产生如此精确的运动。因为当卷曲的角度十分大的时候，实际发生改变的细胞只有一两个，所以这一两个细胞就决定了整个触毛卷曲的方向。可能由于边缘触毛的毛柄细胞过于扁平，以至于它们的卷曲准确率没有中央短触毛的高。

无独有偶，植物界中有很多种类的植物，在卷须受到刺激后会向着刺激源作出反应。但茅膏菜有其特殊性，因为部分触毛不是直接受刺激后卷曲的，而是接收了刺激冲动而发生的，所以保持了很高的准确率。

运动冲动传导时所通过的组织的性质

先简单描述一下茅膏菜叶片内的维管束结构。叶片上的每条触毛都与维管束分枝（小型导管，未画出）相连。叶片维管束是叶柄维管束的延伸，中间的一根主脉在叶片中部一分为二，接着再一分为二，如此重复，直到连接上每一条触毛。此外，这条主脉在叶片基部的位置会左右各分出一个小枝，称为“低侧脉”。与主脉一同延伸至叶片的还有两条维管束，分别位于主脉的左右两侧。它们也像主脉一样会不断地分为两枝。这些分枝有时会发生连接，里面包含的脉管与连接双方的大小一致。也

茅膏菜叶片简图

就是说，主脉与侧脉之间的连接，脉管较粗；分枝与分枝之间的连接，脉管较细。这些连接由双方脉管的凸起组成，凸起交汇处是否相通，我不得而知。

如此一来，叶片一侧的脉管就像蛛网一样，彼此相连，融会贯通。在叶片边缘，分叉的Y形脉络也会彼此相连，形成一种锯齿状，只不过这种连接不是那么紧密。值得注意的是，每片叶子中的脉络连接都不尽相同，而且同一片叶子左右两侧中的脉络也不完全相同，但无论如何连接都是存在的。

我在一片叶子的一侧放了一块肉屑，对侧触毛没有一条卷曲的。剖开这片叶子发现，两侧叶脉并不相连，而单侧叶脉间的连接却很多。由此可以推测，触毛间的运动冲动也许就是通过叶脉传递的。

为了验证自己的想法，我用柳叶刀处理了4片叶子，切口都选在紧邻主脉第一个分枝的位置。2天之后，我在切口之上的位置（靠近叶尖）放置了一块较大的肉屑，4片叶子的表现各不相同。

这片叶子的反应十分迟钝，肉屑放置了4小时40分钟后，只有叶尖的触毛略有卷曲，其他的都毫无反应。3天后，卷曲的触毛舒展开。之后，我将叶片剖开，发现自己将主脉和两条低侧脉都切断了。

肉屑放置了4小时30分钟后，叶尖触毛大部分开始卷曲。第二天，叶尖所有触毛甚至叶片都紧紧地卷起来，纵向上没有卷曲的触毛（靠近叶基）与其形成了一条鲜明的分割线。第三天，靠近叶基的几条中央短触毛稍微向刺激源倾斜。这片叶子的切割情况与第一片叶子相同。

肉屑放置了4小时30分钟后，叶尖触毛全部卷曲并维持了2天，叶基部分则毫无反应。这片叶子的切割情况与第一片相同。

肉屑放置了15小时之后，我才开始观察，发现只有最外面的几条触毛没有卷曲。这片叶子主脉的螺纹导管都被切断了，但是一侧的纤维组织没有被切断。

第二、第三片叶子的情况很像脊椎受损后下肢瘫痪的人。第四片叶子的情况似乎说明，运动冲动是通过纤维组织而不是螺纹导管传递的，而且只要有部分纤维组织相连，冲动就可以传递。

但叶片的两侧之间并不存在直接相连的导管，那么一侧叶片受到刺激后，是如何将冲动传递至另一侧的呢？如果是靠那些分枝间的连接，或叶片边缘的Y形连接传递的，那么冲动应该先传递至对侧的边缘触毛，而不是中心触毛。另外，最边缘的触毛没有传递冲动的能力，但是仔细观察就能得知，Y形连接使它们彼此相通，而其他触毛反而没有这种连接。也就是说，最外缘的触毛具有的螺纹导管连接比其他触毛还要紧密，但传递冲动的能力却几乎没有。

除此之外，我还有结论能证明，**冲动不是通过螺纹导管或纤维组织传递的**。

●将一条腺体周围触毛上的腺体都剪去，再在这条腺体上放上肉屑，周围几乎所有的触毛都会精确地向肉屑弯曲聚拢。

●靠近低侧脉终点附近的触毛，与周围触毛的维管束没有任何直接的连接，而是一种十分曲折的间接连接。但当这条触毛的腺体被刺激后，周围触毛仍会很准确地向它卷曲。冲动可以通过这种曲折的连接传递，但如果真是这样，那为什么卷曲的顺序仍旧是周围触毛最先开始，并依次向外呢？

毫无疑问，前面所有的实验都证明，冲动是以刺激源为中心辐射向外传递的。从这一点看，它不可能通过维管束传递。上述4个实验的结果只能说明，叶片组织被破坏后，部分方向无法传递冲动。

如果冲动不是通过维管束传递，那么只能通过细胞性组织传递。这样也能解释为什么冲动沿触毛传递很快，而通过叶片则要慢得多。另外，我们也可以找出纵向传导比横向传导快的原因。

我们已知一种刺激可以引发触毛卷曲和原生质聚集，并且这两种反应都先由腺体内开始并向外传递。也许，冲动是由原生质产生的，并随着原生质而传递。原生质聚集的传递会受到细胞间细胞壁的阻隔，但仍会以闪电般的速度逐个传递。因此，冲动在通过细胞壁时应该也受到了一定的阻隔。

边缘触毛的长度有时并不亚于叶片的半径，但冲动传导的速度却快很多。这可能是因为在触毛内，冲动需要经过的范围仅限于毛柄细胞，而在叶片中则要辐射传导，不像在触毛里那么封闭。除此之外，触毛内单个细胞的长度是叶面细胞的2倍，所以冲动在传导的过程中所受到的细胞壁阻隔也相对少，从而减少了延迟。而且，这种长细胞的细胞壁更薄。总之，冲动在短短十几秒的时间里就可以通过整个触毛使毛柄作出反应，不得不说这十分神奇。但有时这种快速有效的冲动传递却只能单独作用于一根触毛，却不引发其他触毛卷曲。我想这有可能是因为冲动传递的过程中耗费了大量的能量所致。

叶片中央的大部分细胞都是长度约为宽度的4倍，且呈纵向排列，由叶柄开始辐射到叶片边缘。因此，冲动横向传递时所通过的阻隔无疑要多于纵向传递。另外，叶片细胞不是均匀排列，而是在触毛基部分布相对紧密，以便将冲动传递到四周。总之，这些结构都合理地解释了冲动传递所表现出来的特点。

运动机理与运动冲动的本质

边缘触毛虽然不堪一击，但卷曲起来却是强有力的。我将一根鬃毛缠在针上并留出2.54厘米。用这一小段鬃毛去挑一条卷曲的触毛（比鬃毛细），最后失败了。而且，触毛的运动量和范围也很大。舒展着的触毛可发生180°的弯曲；若触毛原本反卷，那么弯曲的角度将会更大。

弯曲可能仅由表皮细胞来完成，因为内部细胞数量少且细胞壁薄，很难支持强度大又准确的运动。我曾对此进行过观察，确实没有发现任何内部细胞参与运动的迹象。

冲动在传递的过程中，只有部分细胞会作出反应。例如，一个边缘腺体受到刺激产生的冲动会通过触毛细胞向下传递，但触毛上部细胞毫无反应，只是腰部部分细胞和毛柄细胞会运动；而中央触毛则只有毛柄细胞会运动。至于叶片，有时冲动使全部触毛都发生卷曲，可叶片毫无反应，有时却使整个叶片都发生了卷曲。对于后一种情况，卷曲的发生多与刺激的强度和刺激源的性质有关。

一些权威专家认为，植物受刺激之后的运动是由某些本处于紧张的细胞突然将内含的水分大量排出引起的收缩导致的。无论这是不是运动的本质，但只要细胞收缩或受到一侧的外力作用时，除了液体没有排出导致另一侧膨胀，其余的都会排液收缩。例如，弯折一根枝条，上面就会有液体渗出。因此，茅膏菜触毛弯曲时，内部细胞肯定会有液体变化。

茅膏菜大部分触毛在舒展时都与叶片平行，此时其内部上下两侧的细胞均匀地分布着紫色液体。这种液体也会填充触毛基部的部分细胞。触毛兴奋后，观察凹侧的细胞，就会发现其中的液体颜色淡了很多，有时甚至会变成无色。与之相对的是，凸侧一面的细胞液体颜色加重。但并不能由此确定液体都流向了凸面，因为液体也会流入叶片以及分泌量增大的腺体中。

将叶片浸入浓溶液，触毛卷曲，之后移入清水中，触毛舒展。这表明，液体的排出和吸入会引起触毛的运动。但这种运动与正常运动稍有不同，触毛卷曲的方向不规律，有时还会呈螺旋状。将浓稠的液体滴在触毛上或叶片背面，也会引发这种不正常的运动。这种运动和一般植物组织细胞液体外渗时引起的扭曲类似。因此，液体外渗是否是引发运动的根本原因还有待确认。

如果液体外渗真是引发触毛运动的根本原因，那么细胞一定处于一种高度的紧张状态，且具备强弹性，否则触毛无法完成大角度弯曲。但茅膏菜触毛细胞似乎并不常处于紧张状态，也没什么弹性。因为一片叶子在凋亡过程中，失去弹性后收缩的不是触毛上侧（凹）细胞，而是下侧（凸）细胞。因此，茅膏菜的触毛运动显然不是由细胞弹性引发的。

另一些权威的看法是，原生质在刺激下会像肌肉那样收缩。茅膏菜触毛弯曲部位的细胞，在舒展状态下，原生质是均匀的液体；在弯曲状态下，原生质会聚集成不规则的团块，漂浮在无色的液体中，不断改变着形状。触毛再次舒展，团块也会随着消失。这些团块看起来发挥不了什么作用，但如果其中的分子发生了某种变化使原生质聚集，就可以带动细胞壁的收缩。只不过，我没有观察到细胞壁会收缩。而且，原生质是否聚集，其性质都没有改变；发生原生质聚集的细胞也不一定都会收缩，只有那些基部细胞才会。

第三种权威看法是，发生收缩的是整个细胞，即细胞壁和原生质一同收缩。细胞壁的构成决定了这一点能否成立，如果其中仅包含不含氮的纤维素，而没有蛋白质，那么就不可能自动收缩。茅膏菜腺体十分敏感，能感知极小颗粒造成的压力，并且具备吸收、分泌等能力。这些都说明，细胞壁具有十分精密的组织，所以很可能有收缩能力。而毛柄细胞可以传递冲动、分泌液体和发生聚集。这些都说明，茅膏菜的一些细胞的细胞壁能够收缩，将细胞中的水分排出去。如果这也不是正确的解释，那么只剩下一种可能，即细胞内的液体分子发生了变化，导致细胞壁也收缩。无论如何，我认为触毛的运动是不能用细胞壁的弹性和紧张状态来解释的。

运动冲动的本质似乎与引起原生质聚集的因素有关。它们由同一个原因引起，并同时从腺体出发沿细胞传递。原生质聚集的时间与触毛卷曲的时间几乎一致，只是弯曲部分的原生质聚集在其将要完全舒展时才发生解散（表明引起聚集的原因已消失）。原生质聚集的传递会受到细胞壁的阻碍。我认为，运动冲动的传递也是这样，因为只有这一点成立，才能解释纵向传导比横向快。

用高倍显微镜观察发现，原生质开始聚集时均匀的液体先变得混浊，逐渐产生一些细小的颗粒，这一点反映出其中的分子变化。如果原生质的分子变化经过传递，可以影响细胞壁分子结合，从而使细胞壁收缩，那么就可以解释触毛运动的本质了。

但这里有一点说不通，即叶片被浸入某些浓溶液或54.4℃的热水时，原生质聚集，可触毛并不卷曲。而且，某些酸类液体引起触毛快速卷曲，可原生质并不发生聚集或只有非正常聚集。这类液体都具有一定的杀伤性。如果说它们破坏了原生质，阻碍了聚集，那为什么触毛还会卷曲呢？最关键的一点是，当中央腺体被刺激之后，它们向周围触毛传递的运动冲动都先经过整个触毛，然后才抵达腺体细胞，可并未引发任何聚集；只有在腺体细胞反馈给触毛这种冲动时，聚集才会发生。

触毛的舒展

触毛的舒展不是一蹴而就的。无论刺激源位于叶片中心还是一侧，距离兴奋点最远的触毛都最先舒展。这也许是因为最远的触毛受到的影响最小。

我们先来看一下触毛卷曲后弯折的部分处于哪种状态。我对此进行了以下实验。

> 将一粒肉屑放在一片叶子上，等触毛紧紧卷曲之后，我切下一条叶片，上面带有几条边缘触毛。将这条叶片侧放到显微镜下，然后我试了几次，终于成功将触毛弯曲部分的凸面切下来，而不伤及凹面。这时，触毛又开始卷曲，直到形成一个闭合的环。触毛上部不弯折的部分随着卷曲，所朝方向完全改变了。可见，触毛的凹面一直处于待卷曲的状态，一旦条件允许，就会一直弯曲。

舒展的触毛很有韧性，但基部比较刚直，用针施加一个力，不会自主弯折的部分比基部更容易被压弯。基部细胞外表面具有一定的张力，既可以抗击一定的外力，又可以平衡内表面主动而持续的收缩。例如，叶片被放入开水中时，触毛立刻反卷。这说明，外表面的张力是机械的，而内表面则是主动的，需要生命支持。因此，那些逐渐失去生命活力的叶子也会出现触毛外卷的现象。如果在触毛已经卷曲的时候，将叶片放入开水中，触毛只会稍微打开一点。这就是因为内表面失去了活性，使毛柄细胞无法运动。但我认为，即便内表面没有失去活性，也不可能促使触毛立刻恢复舒展状态，毕竟触毛要运动将近180°。这肯定是一个缓慢的过程，需要细胞接收其中不断流动的液体的变化所带来的刺激，才能作出相应的反应。

Chapter 8

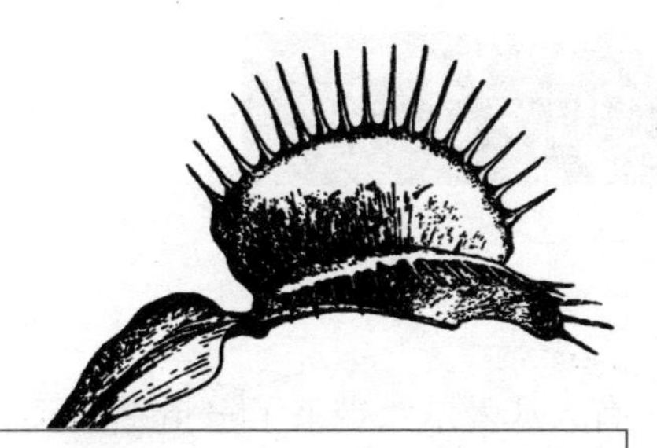

茅膏菜属其他几个种的构造及运动

我选取了6种茅膏菜，有些来自异国他乡，想看看它们有没有捕虫的能力。有几种茅膏菜的外观与圆叶茅膏菜完全不同，值得好好探究一番。然而，它们的功能却有很多相似的地方。

长叶茅膏菜

有人从爱尔兰带来了长叶茅膏菜（*Drosera anglica Hudson*，又译作英国茅膏菜），其叶片又细又长，从叶柄到叶尖逐渐加宽，叶片顶端钝而尖。叶片几近竖直，长度有的超过25.4毫米，但宽度只有5.08毫米。与圆叶茅膏菜不同，长叶茅膏菜所有触毛的腺体构造相同。腺体容易因粗暴接触、小粒无机物的压力、与动物性物质接触、吸收碳酸铵而兴奋，引发触毛卷曲——发生弯折的部位也是毛柄基部。切割或者刺穿叶片，并不会引发运动。

长叶茅膏菜经常捕食昆虫，发生卷曲的触毛的腺体会分泌大量酸性液体。在腺体上放入肉屑，过了1～1.5分钟，触毛开始运动；在1小时10分钟内，肉屑被送达叶片中央。

●用一个开水烫过的工具把2粒煮过的软木屑、1条煮过的线、2粒取自于火中的灰渣，放在5条腺体上。其中1粒灰渣，过了8小时45分钟，引发了触毛轻微的卷曲；剩下的灰渣、线和软木屑，过了23小时，也引发了同样的卷曲。

●用针挑动3条腺体，各挑6次。1条触毛过了17分钟发生卷曲，过了24小时重新舒展开；其他2条纹丝不动。

触毛发生卷曲之后，细胞里均匀的紫色液体发生聚集现象。有一次，一条触毛把一颗肉屑送至叶片中央后，过了1小时10分钟，原生质聚集起来。由此可见，长叶茅膏菜的触毛和圆叶茅膏菜的触毛，反应完全相同。

在长叶茅膏菜中央腺体上放入一只昆虫，或者叶片捕猎到一只昆虫，叶尖会向内卷曲。

●把苍蝇尸体放在3片叶子的叶基周围，过了24小时，原来伸直的叶尖，会向内卷曲，把苍蝇的尸体裹起来（在运动过程中，叶尖翻转了180°）；过了3天，一片叶子的叶尖和触毛重新舒展开。

然而，根据多次实验的结果，叶片的两侧从来不会卷曲，这一点与圆叶茅膏菜不同。

长柄茅膏菜

在英国的某些地方，长柄茅膏菜（*Drosera intermedia Hayne*，又译作中间型茅膏菜）和圆叶茅膏菜一样，都是常见植物。与长叶茅膏菜不一样的是，它的叶片较小，叶尖通常会反卷，可以捕捉很多昆虫。前文提及的物质同样能引发长柄茅膏菜触毛的卷曲，原生质也会发生聚集现象。我曾用放大镜观察过，在一条腺体上放入肉屑，1分钟之内，触毛就开始发生卷曲。与长叶茅膏菜一样的是，长柄茅膏菜的叶尖会紧紧地裹着刺激源，会给捉住的昆虫注入大量的酸性分泌液。裹住苍蝇的触毛需要过3天才能重新舒展开。

好望角茅膏菜

约瑟夫·道尔顿·胡克（1817~1911），英国植物学家，著有《植物属志》等。其成就对植物学发展具有很深的影响。

胡克博士赠送给我一株好望角茅膏菜（*Drosera capensis*）。其原产于好望角，叶片呈长形，中间有些凹陷，叶柄到叶尖逐渐变细，叶尖钝而尖，微微向下反卷。它们从一条很像木质的茎中长出来。最明显的特质是绿色的叶柄呈叶片状，与长着腺体的叶片一样宽，还略长一些。此种茅膏菜也许与同一属中的其他种不同，从空气中获得的养分多于捕猎昆虫。然而，叶片上长有大量触毛，且边缘触毛比中心触毛长一些。所有腺体形状相同，都会分泌黏液和酸液。

好望角茅膏菜及叶的折叠过程示意图

我手上这株好望角茅膏菜正从衰弱中恢复过来。在腺体上放入肉屑，触毛运动异常缓慢；反复用针刺激它们，也没有发生任何反应，也许是因为它们太虚弱了。然而，对于所有种类的茅膏菜来说，用针刺激触毛，应该是最不容易引发反应的方式。

●把玻璃屑、软木屑、煤灰屑等放在6条触毛的腺体上，过了2小时30分钟，只有一条触毛运动了。

●把0.00295毫升的1份盐兑5250份水的硝酸铵溶液（含盐量约为0.000562毫克）滴在2条腺体上，引发了敏感的反应。

●把苍蝇的尸体碾碎，放在2片叶子的叶尖处，过了15小时，叶尖发生卷曲。在叶片中间放一只苍蝇，过了几小时，两侧触毛都向着苍蝇卷过去，紧紧裹住它；过了8小时，叶片在苍蝇下方有些横弯曲；到了第二天早上（即23小时后），整个叶片折叠起来，叶尖覆在叶柄的上面。不过，叶片两侧没有发生卷曲。把苍蝇碎屑放在叶柄上，没有引发任何反应。

小茅膏菜

小茅膏菜（*Drosera spathulata*）也是胡克博士赠送的，原产于澳大利亚，我曾观察过几次。其叶片狭长，叶柄到叶尖逐渐加宽。某些边缘触毛的腺体呈长形，与圆叶茅膏菜相同。

●在一片叶子上放入一只苍蝇，过了18小时，周围的触毛紧紧地卷曲，裹住了苍蝇。

●把树胶液滴在几片叶子上，没有引发任何反应。

●把1份碳酸铵兑146份水，取少量此溶液，将一片叶子浸入其中，所有腺体马上变黑；细胞中的原生质发生聚集现象，沿着触毛快速下传。

●1份硝酸铵兑146份水，将半液滴（约0.0295毫升）此溶液滴到叶片中央。过了6小时，叶片两侧的一些边缘触毛发生了卷曲；过了9小时，卷曲的触毛在叶片中间聚合。叶片的两侧也向内卷曲，形成半个圆环。然而，我测试过的叶片，叶尖都没有向内卷曲。

●使用0.2025毫克的硝酸铵进行同样的实验，可能剂量过大，过了23小时，所有叶片都死亡了。

丝叶茅膏菜

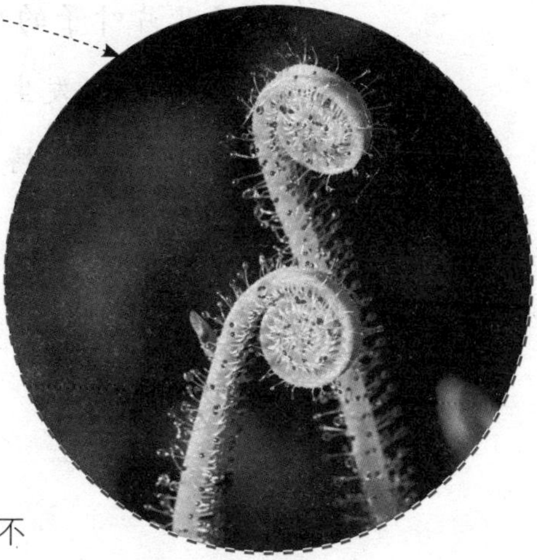

丝叶茅膏菜（*Drosera filiformis*）原产于北美洲，在新泽西州的某些地方较为常见。特里特夫人认为，这种茅膏菜能捕捉大一点的昆虫，如食虫虻、蛾和蝴蝶。胡克博士给了我一个标本，叶片15～30厘米长，呈线形，上方凸出，下方平整而有沟。凸出的部分直到根部（完全看不出叶柄）都长满了短短的触毛，触毛上带着腺体，边缘触毛最长，并且叶尖端向下方反卷。

●在腺体上放入肉屑，过了20分钟，触毛才发生轻微卷曲。不过，这棵植株不太健康。过了6小时，触毛才弯了90°；过了24小时，触毛完全卷曲。此时，周围触毛开始向内卷曲。最后，腺体分泌了大量的黏稠酸液，落到肉屑上。

●用唾液润湿另外几条触毛，在1小时内，触毛发生了卷曲；过了18小时，触毛舒展开。

●把玻璃屑、软木屑、煤灰屑、线、金箔屑分别放在2片叶子的许多触毛上，在1小时内，有4条触毛发生了卷曲；过了2小时30分钟，又有4条触毛卷曲了。

●用针反复刺腺体，没有任何反应。

●在几片叶子的叶尖附近放上苍蝇，只有一片叶子在苍蝇下方略微发生了弯曲。也许健康的叶片会把捕捉的昆虫裹住，坎比博士遇到过这种情况，但这样的运动不是很常见。

叉叶茅膏菜

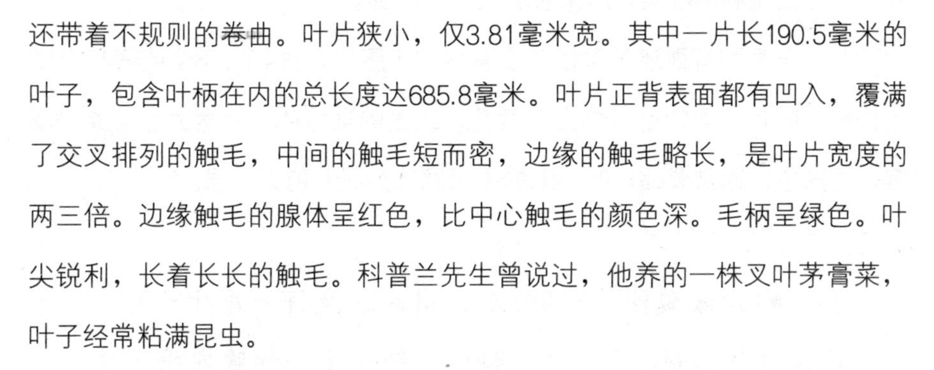

叉叶茅膏菜（*Drosera binata*）原产于澳大利亚，巨大而健壮。与之前的种类相比，有一些需要注意的差别，其叶柄呈芦苇状，约508毫米长，叶片在叶柄处分叉，分叉处继续分叉，还带着不规则的卷曲。叶片狭小，仅3.81毫米宽。其中一片长190.5毫米的叶子，包含叶柄在内的总长度达685.8毫米。叶片正背表面都有凹入，覆满了交叉排列的触毛，中间的触毛短而密，边缘的触毛略长，是叶片宽度的两三倍。边缘触毛的腺体呈红色，比中心触毛的颜色深。毛柄呈绿色。叶尖锐利，长着长长的触毛。科普兰先生曾说过，他养的一株叉叶茅膏菜，叶子经常粘满昆虫。

在叶片的构造和功能方面，叉叶茅膏菜与上述各种类似。

●在边缘触毛的腺体上放入肉屑或者唾液，在3分钟内触毛发生了明显运动。

●放入玻璃屑，在4分钟内引发了运动。放入玻璃碎屑的触毛，过了22小时舒展开。

●1份碳酸铵兑437份水，取几滴此溶液，将叶片的一小块浸湿，过了5分钟，腺体颜色变黑，触毛发生了卷曲。

●在中间沟的几条腺体上放入一颗生肉屑，过了2小时10分钟，叶片两侧的触毛都发生了卷曲，把肉屑紧紧地裹了起来。

肉屑和蝇类的作用缓慢，熟蛋白和血纤维的更迟缓。放入肉屑的腺体，分泌出来的液体总是酸性的，量大，能顺着叶片往下滴，并刺激周围的触毛导致卷曲。把玻璃屑放在中央沟的腺体上，不能使外侧触毛兴奋。叶片，包括锐利的叶尖，从来没有发生过卷曲。

叶片正面和背面还长着很多没有柄的小腺体，由4个、8个或者12个细胞构成。叶片背面的小腺体呈淡紫色，正面的呈绿色。叶柄上也有类似器官，外形小，通常萎缩。叶片上的无柄腺体的吸收能力很强。

●1份碳酸铵兑218份水，用此溶液将一片叶子的一小块浸湿，过了5分钟，腺体已经变黑，细胞内原生质发生了聚集现象。

据我的经验，腺体一般不会自发分泌液体。然而，用生肉屑蘸点唾液涂抹在叶片上，它们会很快分泌液体，而且会引发叶片一系列变化。这种腺体与捕蝇草叶片上的无柄腺体一样，能自发分泌，下文会详细论述。

叉叶茅膏菜另外一个显著的特点，就是叶片背面接近叶缘的区域，有少量触毛。这些触毛结构完整，毛柄中有螺纹导管，腺体上有黏稠的分泌液，吸收能力强。

●1份碳酸铵兑437份水，取少量此溶液，将一片叶子浸泡其中，背面触毛上的腺体马上变黑，细胞中的原生质发生了聚集现象。

叶片背面的触毛，比正面的边缘触毛短，有些甚至与无柄腺体一样小。它们的外形、数量、位置各不相同，排列也没有规则可言。我曾经数过，在一片叶子的背面，共有21条腺体。

叶片背面的触毛，无论怎么刺激它们，都不会引发任何反应，这一点与正面的触毛不同。

●1份碳酸铵兑437份水或者218份水。取4片叶子的各一小块，在不同时刻浸泡在碳酸铵溶液中。所有正面的触毛都紧紧地卷曲起来，背面的触毛却完全没有反应，虽然它们在溶液中浸泡了好几小时，腺体也变成了黑色。这足以证明，它们吸收了部分铵盐。

这样的实验只能使用幼小的叶片，因为叶片背面的触毛在快要枯萎时，经常自发地向叶片中心倾斜。然而，就算这些触毛原先就有运动能力，对于植物而言，也没有多大用处。因为它们的长度不足以沿着叶缘反卷，无法碰触到捕捉的昆虫。即使它们能够弯曲到叶片背面的中部也毫无用处，那里可没有可以分泌液体的腺体。它们虽然不能运动，但是如果捕捉到极小的昆虫，也会从中吸收动物性物质，还会从雨水中吸收氨。不过，它们不规则的外形、数量和位置，都决定了其用途的局限性，随着时间的流逝，最后只能退化。

后面一章我们会谈到叶片呈长形的捕蝇草，其可能是茅膏菜属的祖先。捕蝇草叶片正反面的触毛受到刺激后都不能运动，虽然它们可以捕食大量昆虫，自给自足。因此，叉叶茅膏菜好像保留了某些原始特质，即叶片背面的某些触毛不能运动。看上去正常的无柄腺体也不能运动，而在茅膏菜属的大多数种（或许是其他所有种里），这种特质已经消失了。

总结

目前可知，茅膏菜属的所有种，多数或者全部都使用一种捕食昆虫的方法。上述记录了两种原产于澳大利亚的茅膏菜，还有另外两种同一产地的茅膏菜，即浅色茅膏菜（*Drosera pallida*）和硫黄茅膏菜（*Drosera sulphurea*），触毛会迅速卷曲，裹住昆虫。相同的现象，在印度和好望角产的某几种，特别是三肋茅膏菜（*Drosera trinervis*）上可以观察到。还有一种原产于澳大利亚的异叶茅膏菜（*Drosera heterophylla*），叶片形状非常特别，这也是它的特征。尚不知它的捕虫能力，因为我只见过标本。其叶片呈扁平的杯状，叶柄在杯底，而不在边缘。杯的内部和边缘排列着触毛，触毛里有维管束。与见过的其他种不同的是，有些导管有阶纹，有些有穿孔，不全是螺旋纹。腺体应该可以分泌大量黏液，这一点我是从上面附着的干瘪分泌液推断出来的。

Chapter 9

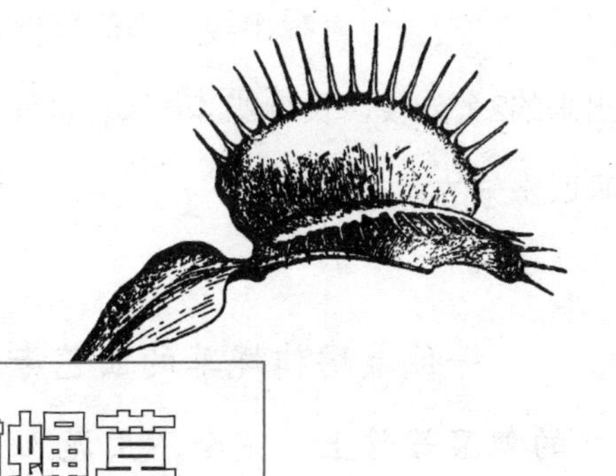

捕蝇草

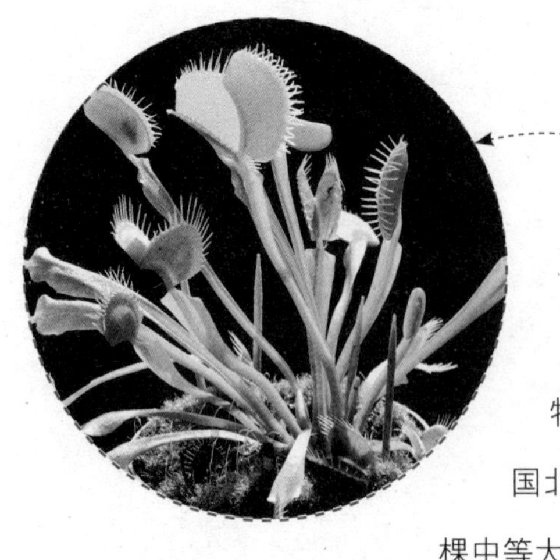

捕蝇草（*Dionaea muscipula*）因动作快、有力量，又被称为“爱神的捕蝇夹”（Venus’ flytrap），是世界上最奇异的植物之一。捕蝇草类属于茅膏菜科，原产于美国北卡罗来纳州的东部潮湿地区。我观察的一棵中等大小的植株，根系极小，只是从球状茎膨大处长出来的2个分枝，长约25.4毫米。也许与茅膏菜一样，捕蝇草的根只是用来吸取水分的。

一位栽培捕蝇草的园艺专家，把它们种在洗净滤过的潮湿苔藓上，完全不用泥土，就如附生的兰科植株。

捕蝇草通常长有两片叶瓣和叶片状的叶柄。

捕蝇草叶片侧面观

两片叶瓣形成的角度小于直角，其表面通常长有3条锐利的刚毛或凸起，构成一个三角形。但我也见过有些叶片上的刚毛是4条，有些叶片上则只有2条刚毛。这些刚毛有着十分显著的特点：对触动十分敏感，可以运动，也能引发叶片的运动。叶缘向外延伸，变成许多尖锐、直挺的凸起，我称之为“刺毛”。总之，捕蝇草的两片叶子就像捕鼠夹的两个铁齿，互相交错。叶片背面的叶中肋膨大而鼓胀，显得十分有力。

叶瓣的上表面，除了近边缘处之外，都布满了红色或紫色腺体，其他部分呈绿色。刺毛和叶片状的叶柄上都没有腺体。

腺体由二三十个细胞构成，细胞里是均匀的紫色液体。腺体上部有凸起，下部有短柄，里面没有螺纹导管，这点与茅膏菜属的触毛不同。这些腺体仅在受到某些刺激之后才会分泌液体，而且具有吸收能力。显微镜下可观察到8个红褐色或橙色分叉的小凸起，很像漂亮的小花，多数都分布在叶柄上、叶片背面和刺毛上，分布在叶片正面上的只有极少数。这种8个小凸起，与圆叶茅膏菜上的乳突是同源器官。叶片背面有简单的小尖毛，数量极少，约0.0148毫米长。

刚毛十分敏感，由几列长形的细胞构成，细胞里充满了紫色的液体。刚毛细长纤弱，长度超过1.27毫米，越向顶端越尖。我观察了几条刚毛的基部，没有发现其中连接任何导管。顶端的尖细胞彼此间有时候会分开，使毛尖呈两叉或三叉。基部周围向内聚拢，细胞呈扁圆形，其连接一个关节，被一个多边形细胞构成的膨大基底托着。刚毛通常垂直于叶面，假如没有这个能让它们水平倒下的关节，当两片叶瓣闭合时，很容易就被折断。

捕蝇草的刚毛与茅膏菜触毛的对比

刚毛从基部到顶端，对于任何触动都异常敏感。用硬物碰触它们，无论动作多轻、速度多快，都能使叶片发生闭合。

●用一根长约63.5毫米的人类细头发丝，在刚毛顶端上方摇晃，时不时碰触它，没有引发任何反应。换成一段长长的粗线，叶片就发生了闭合。

●从高处撒下细面粉，刚毛毫无动静。

●把刚才那根头发丝绑在柄上，留25.4毫米长，使它具备足够的硬度，不会下垂。缓慢从侧面拨动头发丝，让它的末梢碰到刚毛顶端，叶片马上就闭合了；也有一次，头发丝碰了两三次，才引发反应。

由此可见，刚毛对于短暂的轻微触动十分敏感。不过，它对持续的刺激却不如茅膏菜敏感。我曾多次实验缓慢接触对茅膏菜的影响，例如：

●取一小段粗硬的头发丝，比能引发茅膏菜触毛卷曲的长10倍，放在刚毛顶端，毫无反应；茅膏菜不仅会产生反应，而且腺体的黏稠分泌液实际上还抵消了毛发施加的部分重量。但用针或者其他硬物使劲碰触茅膏菜的腺体，实验多次都无法引发运动。

捕蝇草刚毛和茅膏菜腺体在敏感度上的差别，与各自的习性息息相关：一只小昆虫把纤细的脚落在茅膏菜的腺体上，就会被黏液粘住，后者发出微小而持续的信号——“食物来了”，触毛便会缓慢动作，继而裹住昆虫；捕蝇草的刚毛十分敏感，但无法粘住昆虫，只能依靠对短暂碰触的异常敏感度，使叶片快速闭合。

前面才说过，刚毛不是腺性组织，无法分泌液体。它同样也没有吸收能力。

●将1份碳酸铵兑146份水，滴几滴此溶液在刚毛上，细胞内含物没有发生变化，叶片也没有闭合。然而，切一小块带有刚毛的叶片浸入刚才的溶液中，基部细胞马上聚集成不规则团块，并且颜色变成紫色或者无色。聚集作用由层层细胞向毛尖推进，与茅膏菜触毛腺体接受刺激时的方向完全相反。

●沿基部切下几条刚毛，浸入1份碳酸铵兑218份水的稀溶液中，细胞内含物发生聚集，也是从基部推进到顶端。

●把刚毛浸入蒸馏水中，过了很长一段时间，细胞内含物才发生聚集。

●极少数刚毛顶端细胞内含物会自发聚集，但这种情况发生的频率比较高。聚集而成的团块，形状不断改变，有时分离，有时聚合。很明显，有一部分原生质在围绕中轴旋转。靠近细胞壁的地方，还能看到许多无色的原生质沿着细胞壁游动。原生质聚集完毕后，肉眼可见不再游动，但我认为它们还在游动，只是因为所有颗粒都与中心团块聚集在一起，因此难以观察。在原生质聚集方面，捕蝇草刚毛的表现与茅膏菜触毛一模一样。

除了以上相似性，这两者有一个明显的差别：茅膏菜触毛的腺体在接受频繁的刺激后，或者在上面放入小颗粒物质，会引发触毛卷曲，并发生显著的聚集现象；而刺激捕蝇草的刚毛，却不会产生这样的反应。

●将一两小时前刺激过的、没有刺激过的以及25小时前刺激过的刚毛进行对比，它们的细胞内含物没有什么差别。这些叶子都被夹子撑住，以便刚毛不会压在对面的叶片上，对结果产生影响。

●小水滴或者细水流从高处落到刚毛上，不会引发叶片的闭合。经过这样测试的刚毛，之后的敏感度经证实还是挺高的。毫无疑问，捕蝇草与茅膏菜一样，对突如其来的骤雨都不会产生反应。

●用14.17克糖兑28.41毫升水，取此溶液从高处滴落到刚毛上，经过多次实验，刚毛都毫无反应，只有沾在刚毛上，才会引发作用。

我曾多次用力从一根尖管里向刚毛吹风，也没有引发任何反应。这样猛烈的风就像大自然里的狂风一样，却无法引发任何反应。由此可见，刚毛的敏感度有一种特别的性质，对短暂的触动产生反应，而对持续的刺激毫无反应。

水或者浓一点的糖液滴在刚毛上，都不能引发它的兴奋，不过浸泡在清水中，偶尔能引发叶片的闭合。

●将1片叶子浸入清水1小时10分钟，另外3片叶子浸入几分钟，水温在15～18.3℃，都没有发生反应。把第一片叶子慢慢从清水中取出，叶片马上发生了闭合。轻触其他3片的刚毛时，叶片也闭合了。由此证实，叶片都是十分健康的。

●把另外2片新鲜的叶子浸入水中，水温分别为23.8℃和16.9℃，叶片马上闭合。把叶柄浸入清水中，过了23小时，一部分叶片重新舒展开；轻触刚毛，有一片叶子又发生了闭合。这一片过了14小时重新舒展开，再轻触上面的刚毛，又引发了闭合。

由此可见，叶片浸入水中依然健康，偶尔还能引发闭合。上述运动很明显不是由于水温的作用。事实证明，长时间浸泡会引起敏感的刚毛细胞中的紫色液体产生聚集反应。茅膏菜触毛浸泡长时间之后，也会有相同的反应，而且会引发轻微卷曲。两者也许都是由细胞内液体轻微外渗导致的。

我的这个假想在一片叶子上得到了证实。将这片叶子浸泡在浓一点的糖液中。

●这片叶子先在水中浸泡1小时，毫无反应；放入糖液之后，叶片迅速闭合，2分钟30秒内边缘刺毛相互交叉，3分钟内整个叶片紧紧地闭合。

●把3片叶子浸泡在糖与水的比例为1：2的液体中，所有叶片都马上闭合。

为了弄清楚这是由叶片表皮细胞外渗导致的，还是由敏感的刚毛外渗导致的，我在一片叶子的两瓣叶片之间的中肋沟里，也就是运动的主体中，倒入一些糖液。过了很久，叶片也没有任何反应。再在叶片上涂相同的糖液，由于敏感的刚毛基部与叶片表皮紧挨着，一涂糖液就会触动刚毛，所以我只涂了部分没有刚毛的叶片表面，也没有引发任何反应。因此，叶片的活动不是由表皮细胞外渗导致的。

经过多次实验，我终于成功地把一滴糖液准确地滴到一条刚毛上，马上引发了叶片的闭合。总而言之，糖液使刚毛纤细的细胞发生外渗而失去水分，由此使细胞内含物发生了某种变化。这种反应与触动引发的反应相同。

浸泡在糖液中比浸泡在水中或触动刚毛，对叶片产生的影响更久。在后面两种情况中，叶片不到1天就重新舒展开。另外，在糖液中浸泡了一小会儿的3片叶片，捞出后用针管吸取糖液，冲洗叶瓣间的缝隙，然后其中一片过了2天，一片过了7天，还有一片过了9天，才重新舒展开。一条刚毛上沾了一滴糖液而发生闭合的那片叶片，过了2天才重新舒展开。

有两次，我用放大镜把太阳光聚集到几条刚毛的基部。炽热的阳光灼烧它们，颜色都改变了，但是也没有引发运动。迅速把叶片浸入开水中，也不会引发叶片闭合。与茅膏菜的实验相比，这几次实验的热量明显过大，作用也突然。

捕蝇草叶面表皮的感应力极小，任意用力碰触都不会引发运动。用针尖猛地刺一下，叶片也不会闭合。然而，用针尖刺刚毛上的三角地带，叶片会发生闭合。用力刺中肋或者切割叶片，会引发叶片的闭合。

一些颗粒较大的无机物质，如碎石片、玻璃屑等，或者不含可溶性氮化物的有机物质，如木屑、软木屑、藓类，以及含可溶性氮、完全干燥的肉、熟蛋白、明胶等，长时间放在叶片上，都不会引发叶片的变化。不过，含氮的有机物质稍微弄湿一点，结果就会不一样，但叶片闭合缓慢，和轻触敏感的刚毛引发的反应完全不同。叶柄不敏感，用针刺或者切割都不会引发任何反应。

捕蝇草的腺体

捕蝇草叶片上表面布满了紫色腺体，其短小而无柄。这些腺体有分泌和吸收的能力，但与茅膏菜不一样，它们只有吸收一些含氮物质才会兴奋，从而分泌液体。

●把几小团吸水纸放在叶片上，再轻触一条刚毛；过了24小时，叶片重新舒展开，此时用小镊子取出纸团，仍是完全干燥的。与此形成对比的是，把一点弄湿的肉屑或者苍蝇尸体碎屑，放在舒展开的叶片上，腺体很快就会分泌大量液体。一次，过了4小时，肉屑底下就有分泌液了；再过3小时，肉屑下方和周围就有大量分泌液了。另一次，过了3小时40分钟，肉屑全都变湿了。然而，除了接触到肉屑的腺体，或者溶解了动物性物质的分泌液周围的腺体，其他腺体都没有分泌液体。

两瓣叶片都被放上肉屑或者苍蝇尸体时，会产生不同的结果：所有腺体都会大量分泌液体。这是因为此时两瓣叶片的腺体上都有肉屑或者苍蝇尸体，腺体的分泌量比把肉屑放在一瓣上要多一倍；而且，两瓣叶片上的腺体互相接触、影响，扩大了吸收范围，使两瓣叶片上不断有新的腺体分泌液体。分泌液无色、黏稠，可使石蕊试纸变色，在程度上比茅膏菜分泌液的酸性要强。

●在一瓣叶的两端分别放上完全干燥的肉屑和明胶颗粒，过了24小时，没有引发腺体分泌，也没有引发叶片闭合。把这些诱饵在水中浸湿，然后用吸水纸吸走多余水分，再放在原来的叶片上，用玻璃罩罩上。过了24小时，潮湿的肉屑引发了少量腺体分泌，且放入肉屑这一端的叶片紧紧地闭合。而放明胶颗粒的那一端，叶片既没有闭合，也没有引发任何分泌。

由此可见，就像对茅膏菜的作用一样，明胶比肉屑引发的捕蝇草的兴奋程度低多了。为了观察肉屑下面的分泌液，我把一小片石蕊试纸放到肉屑下面，结果不小心碰触了刚毛，引发了叶片的完全闭合。到了第11天，闭合的叶片重新舒展开（放明胶的一侧比放肉屑的一侧早舒展几小时）。

●第二粒肉屑比较干燥，放在叶片上过了24小时，没有引发任何运动，也没有引发分泌现象。用玻璃罩罩住植株，肉屑从空气中吸收潮气后，腺体才分泌了酸性液体。到了第二天早上，叶片紧紧地闭合。

●第三粒肉屑彻底干燥，放在叶片上，再用玻璃罩罩住植株。过了24小时，肉屑变得潮湿，引发了腺体分泌酸性液体，但没有引起叶片的闭合。

●把一块大一点的熟蛋白彻底干燥后，放在一片叶子的一端。过了24小时，叶片毫无反应。取出熟蛋白，浸入水中几分钟，然后用吸水纸吸干多余水分，再放在原来的叶片上。过了不到9小时，腺体分泌了一些酸性液体；24小时后，放熟蛋白的这一端叶片闭合了。轻轻地取出被大量液体包裹的熟蛋白，其间没有碰触刚毛，然而这瓣叶片还是完全闭合了。这次与前面所述情况相同，好像是腺体吸收了一些动物性物质后，增加了叶片对触碰的敏感度。

●将1份碳酸铵兑146份水的溶液滴到一些叶片上，

没有引发任何反应。那时，我还不知道动物性物质引发的反应迟缓得多，所以观察的时间不足。不过，从对茅膏菜的作用推测，我这次使用的碳酸铵溶液浓度还是有些高。

上述实验证实，潮湿的肉屑或者熟蛋白都能引发腺体的分泌和叶片闭合。这种闭合与刚毛被触动之后发生的快速闭合不同。除此之外，茅膏菜和捕蝇草对于机械性刺激产生的反应，以及吸收动物性物质产生的反应，存在着很大的差别。

由此可见，捕蝇草的腺体是有吸收能力的。然而，令人惊讶的是，肉屑或熟蛋白稍微弄湿一点，就能引发分泌和叶片的缓慢运动；也就是说，极少量的动物性物质（肉屑等浸出的氮类物质）被吸收后，就能引发这两种反应。

直接接触动物性物质之后，腺体会发生变化，这也是其有吸收能力的直接证据。在叶片的某些腺体上放入肉屑或者昆虫残骸。过了几小时，与同瓣叶片上距离较远的另一些腺体反复对比可知，后者没有发生原生质聚集现象，而前者发生了通常的聚集现象。

捕蝇草捕食昆虫时，腺体受到刺激而快速分泌液体的原理，我还没弄清楚。我们可以假设昆虫受到压力后会分泌出少量物质，这些物质含氮，由此引发了腺体的兴奋。

分泌液的消化能力

捕蝇草叶片关住任何东西时，一个暂时的“胃”就形成了。这种东西如果再能分泌一点点动物性物质，就会成为“胃分泌源”，使叶片上的腺体分泌出酸性液体，引发和动物胃液相同的作用。

关于捕蝇草消化能力的实验，我虽然做得有些少，但也充分证明了它的消化能力。此外，捕蝇草的消化过程在闭合的叶片中进行，并不像茅膏菜那么容易观察到。昆虫在分泌液作用几天之后，就算是有壳的甲虫，其内部也会被融化成软体，但壳却没有被腐蚀。

把长、宽均为2.54毫米的一小粒熟蛋白放在叶片的一端，再把长约5.08毫米、宽约2.54毫米的一小片明胶放在叶片的另一端，然后刺激刚毛，使其发生闭合。45小时后切开叶片，熟蛋白变得又硬又扁，棱角也变得圆润，明胶片变成卵状。两者都被大量的酸性分泌液覆盖，分泌液会向下滴落。很明显，捕蝇草消化过程比茅膏菜要缓慢。一般情况下，叶片闭合时间为可消化物质的消化时间。

将与实验一同尺寸的一小粒熟蛋白，以及长、宽均为2.54毫米，高为1.27毫米的一小片明胶，放在同一片叶子的两端。过了8天切开叶片，上面浸满了大量的酸性分泌液，腺体细胞原生质发生了聚集，完全不见熟蛋白和明胶。

为了做对比，取同一盆里的潮湿苔藓，在上面放相同大小的熟蛋白和明胶，再置于相同的环境中。8天后，熟蛋白和明胶全都变成了褐色，腐坏变软，覆满了霉丝，但并没有消失。

把长约3.81毫米、宽和高均为1.27毫米的一小块熟蛋白，以及一片与实验二尺寸相同的明胶，一起放在一片叶子的两端。7天后切开叶片，看不到熟蛋白和明胶的痕迹，只能看到叶片上有大量的分泌液。

把与实验三尺寸相同的熟蛋白和明胶放在一片叶子的两端，过了12天，叶片重新舒展开，看不到熟蛋白和明胶的痕迹，叶片中肋一侧有少量分泌液。

把与实验三尺寸相同的熟蛋白和明胶放在一片叶子的两端，过了12天，叶片仍紧紧闭合，但已枯萎。切开叶片，只见原来放熟蛋白和明胶的地方有一点褐色物质，其他什么都没有。

把长、宽均为2.54毫米的一小粒熟蛋白，及与实验三尺寸相同的明胶，放在一片叶子的两端。13天后，叶片自然舒展。颗粒的厚度过大，是前几个实验的2倍，所以接触到它的腺体都受到了伤害，正从叶片上剥落。叶片还残留了一层褐色蛋白膜，覆盖在霉丝之上。明胶已消失。叶片中肋可见极少量的酸性分泌液。

把一小块半熟的肉屑（没有量尺寸）和一片明胶放在一片叶子的两端。过了11天，叶片自然舒展，里面只剩极少量的肉屑，而且叶片变成了黑色。明胶消失不见。

把一小块半熟的肉屑（没有量尺寸）放在一片叶子上，之后用夹子撑着叶片，不让其闭合，这样肉屑只有

下方能受到强酸性分泌液的浸润。然而，过了22小时30分钟，这块肉屑比从同一块烤肉上切下的保持湿润的另外一块柔软得多，这让我有些惊讶。

实验九

把长、宽均为2.54毫米，肉质紧实的肉屑放在一片叶子上，过了12天，叶片自然舒展，上面仍有许多弱酸性分泌液，多到会自然滴落。此时肉屑分散，没有完全溶解，叶片也没有长出霉丝。

将肉屑放在显微镜下察看，可以观察到中心纤维上的横纹还在，其他部分已看不见横纹；介于这两种极端情况的中间阶段，也能观察到。除此之外，还有一些小圆球，很明显是脂肪，以及一些没有消化的弹性纤维。

这粒肉屑的情况与经茅膏菜消化后出现的情况相同，与熟蛋白的情形也一样。由此可见，捕蝇草的消化能力比茅膏菜迟缓。叶片另一端原来放上的一小粒紧实的面包屑也被消化分散，但整体的体积没有什么变化。我推测，只是其中的面筋被消化了。

实验十

把长、宽约1.27毫米的一小块干酪，与一粒尺寸相同的熟蛋白，放在一片叶子的两端。过了9天，放干酪一端的叶片稍微敞开，不过干酪没有溶解多少（也许完全没有溶解），但变得绵软了，浸在分泌液中。又过了2天，也就是一共过去11天，放熟蛋白一侧的叶片也自然舒展了，只留下一丁点又黑又干的熟蛋白。

把与实验十尺寸相同的干酪和熟蛋白放在一片不太健康的叶片上。过了6天，放干酪一端的叶片稍微舒展开，干酪已经软化，不过没有被溶解，体积只少了一点。又过了12小时，放熟蛋白一侧的叶片也舒展开了，熟蛋白变成了一大滴透明的黏稠液体，但不具酸性。

和实验十、实验十一一样，放干酪那端的叶片比放熟蛋白那端先舒展，没有做过多的观察。

把化学制成的直径约2.54毫米的一小团酪蛋白放在一片叶子上。过了8天，叶片自然舒展开。酪蛋白变成了柔软的黏块，体积稍微减少，上面覆有酸性分泌液。

这些实验足以说明，捕蝇草腺体分泌液可以溶解小块的熟蛋白、明胶以及肉屑，不能溶解脂肪和弹性纤维。分泌液以及溶解的物质，少量的能被吸收。与茅膏菜相同，化学制成的酪蛋白和干酪都能引发大量酸性液体的分泌，这是由于叶片吸收了其中的一些蛋白质。然而，这两种物质无法完全被消化，所以体积上不会大幅度减少。

捕猎昆虫的方式

我们再来看看昆虫碰到捕蝇草一片带有敏感刚毛的叶片后，引发的反应。

我的花房里经常可以看到昆虫被粘在捕蝇草的叶片上，不知是否因为昆虫受到叶片的某种引诱。在原产地，捕蝇草能捕获多种昆虫。一只昆虫轻触一条刚毛，两瓣叶片马上就会闭合。捕蝇草两瓣叶片平时构成的角度是锐角，所以很容易就能捉住飞过来的昆虫。叶片和叶柄之间的角度，并不随着叶片的闭合而发生任何变化。叶片中肋一带是运动的主要发生区，当叶瓣彼此靠近时，每一瓣都会向内卷曲，但叶缘刺毛并不会发生卷曲。

放入大蝇，就能清楚地看到叶瓣的这种运动。特别是切除一瓣叶片的大半部分之后，另外一瓣就没有了对抗力，这样就能够继续向内卷曲，甚至超过了中线。此时把切除大部分的那瓣叶片全部切除，另外一瓣会继续向内卷曲，反转了120～130°，几乎与被切除的那一瓣原先的位置相垂直。

两瓣叶片向内卷曲，靠近彼此时，叶缘刺毛的顶端会首先交叉，然后基部挨近，叶片完全闭合，中间留下一个空腔。假如叶片闭合，是由于轻触一条敏感的刚毛或捉住一个不含可溶性氮的物质，叶片就会维持原有的空腔状态，直到重新舒展开。

我曾10次观察过这种没有获得有机物的叶片的重新舒展。在全部10次中，24小时内有2/3的叶片都重新舒展开。即便是那些切除了一瓣叶片的，也在相同时间内轻微地舒展开了。

我曾实验过一片叶子，在6天内，它闭合了4次，之后都会重新舒展。最后一次，这片叶子捉到一只蝇，之后持续闭合了好几天。

偶尔因为风吹草动获得的东西碰触到刚毛，叶片随即闭合，很快就会重新舒展开。这种反应速度对植物来说非常重要，因为叶片闭合后就不能再捕猎食物了。

假如叶片捉住了一只昆虫或其他任何含有可溶性氮的物质，两瓣叶片就不会维持空腔的状态，而是逐渐贴住，直到贴紧实为止。在这个时候，叶缘会慢慢地向外反转，两头原来互相交叉的刺毛会竖起来，变得平行。两瓣叶片互相挤压，力度很大。我曾经看过一粒熟蛋白被它们挤扁了，而且表面覆满细小腺体的压痕，不过压痕也可能是分泌液的腐蚀作用产生的。

两瓣叶片彻底闭合后，如果强制打开，要花很大的力气。比如，将薄而尖的锥子塞进去，但最后总会弄破叶片。假如叶片没有破裂而被打开了，那么它们会迅速再次闭合，并发出响亮的一声。然而，用拇指和食指捏住叶片，或者用夹子夹住叶片，让其无法闭合，叶片也只能维持现状，并没有任何抵抗反应。

一开始，我假定叶瓣之间缓慢闭合，是由捉住的昆虫不断挣扎触动刚毛所致。桑德森博士后来说，叶片闭合后，刚毛再受刺激，正常的运动冲动就会被扰乱，所以我的假设有很高的可能性。然而，这种持续的刺激并不是必需的：一只死了的虫子、一粒肉屑、一粒熟蛋白会产生同样的效果，可见叶片缓慢闭合是由于吸收了动物性物质。

叶片咬合的作用对植物发挥功能十分重要，因为两侧腺体都得与猎物接触，才能引发分泌。分泌液会溶解一些动物性物质，然后借助毛细作用扩散到整瓣叶片的正面，促使所有腺体都分泌，并吸收消化所得的游离的动物性物质。这种由于吸收动物性物质引发的运动，速度虽然迟缓，但总会达到目的。碰触一条敏感的刚毛引发的快速运动，是捕捉食物的必要条件。虽然这两种条件引发了两种不同的运动，但都能够帮助实现最终的目的。

两瓣叶片关住木屑、纸团等东西时，或者只是因为轻触刚毛而引发了闭合，其起到的作用与关住含有可溶性氮的物质不尽相同。前一种情况的闭合，叶片在1天内会重新舒展，此后可以再次闭合，不必完全舒展开。关住含有可溶性氮的物质之后，叶片会闭合好几天再重新舒展开，此后叶片会变得脆弱，即便触碰刚毛也无法再发生运动。叶片至少要过很长时间才能再次闭合。

●一次，捕猎了一只苍蝇之后舒展开的叶片，隔天由于轻触一条刚毛，又缓慢地发生了闭合。不过，叶片虽没有捕捉到任何东西，但衰弱得直到44小时以后才重新舒展开。

●一次，把一只苍蝇关了至少9天的叶片开始舒展，但它仿佛受到了极大的刺激，只有一瓣叶片发生运动，2天内一直维持这种异常状态。

●极为特殊的一次，把一只苍蝇关了不知多少天的叶片重新舒展后，轻触一条刚毛，叶片缓慢地发生了闭合。

由此可见，捕蝇草的消化能力确实有限。有许多叶片困住一只昆虫多日重新舒展开之后，很多天都不能再次闭合。从这一点来说，捕蝇草不如茅膏菜。茅膏菜可在短时间内多次捕猎昆虫，并且完全消化掉。

边缘刺毛

现在，我们可以了解一下边缘刺毛的用途了。开始时，我认为它没有丝毫用处，只是一个附属物。叶片发生闭合时，它们同时向内弯曲并拢，尖端先交叉，然后尾部咬合。叶片边缘彼此接触之前，刺毛间有很大的空隙——1.693～2.540毫米不等，由叶片的大小来决定。这样一来，要是昆虫比空隙小，在逐渐闭合的叶片与越来越暗的空间里，昆虫受到惊吓还来得及从刺毛的间隙中逃走。反过来说，如果大一点的昆虫也想从空隙里逃走，那么必然会被刺毛挡住，但力气大的昆虫可以强行逃脱。

对于捕蝇草来说，花好几天时间困住一只小昆虫，之后还得花很长时间来恢复其敏感度，而且小昆虫的养分不多，很明显得不偿失。因此，要是能有机会捉到大一点的昆虫，放走小虫也是划算的。边缘刺毛逐渐咬合，就像大网眼的渔网会放走无用的小鱼一样，只留下有用的猎物。

我一开始将如此完备的构造当作无用之物，这让我明白，应当审慎地下结论。为了证实我对边缘刺毛的猜测，我特地请坎比博士帮忙。他为了此事，在植株生长的早期，叶片尚在幼小阶段时，就去捕蝇草的原产地采摘，并给我寄了14片叶子，还有它们自发捕捉的昆虫。有4片叶子捉住的是小昆虫，其中3片是蚂蚁，1片是小蝇；10片叶子捉住的是大一点的昆虫，其中5片是叩头虫，2片是艾金花虫，剩下的为1只象鼻虫、1只肥扁的大蜘蛛、1只马蜂。在这10只虫里，8只是甲虫；在所有虫里，只有1只双翅类的虫（小蝇）。双翅类容易飞走，但茅膏菜使用黏液捕猎，其中主要捕食的就是双翅类。

重点说一下，那10只大昆虫的尺寸——从头部到尾部，全长平均约为6.5毫米，那10瓣叶片的平均长度约为13.5毫米。也就是说，虫体的长度大约是叶片的一半。由此可见，这些叶片只有少数会捕捉小虫子，也许有一些小虫子在叶面上爬过，被叶片困住，但仍然逃了出去。

Chapter 10

貉藻

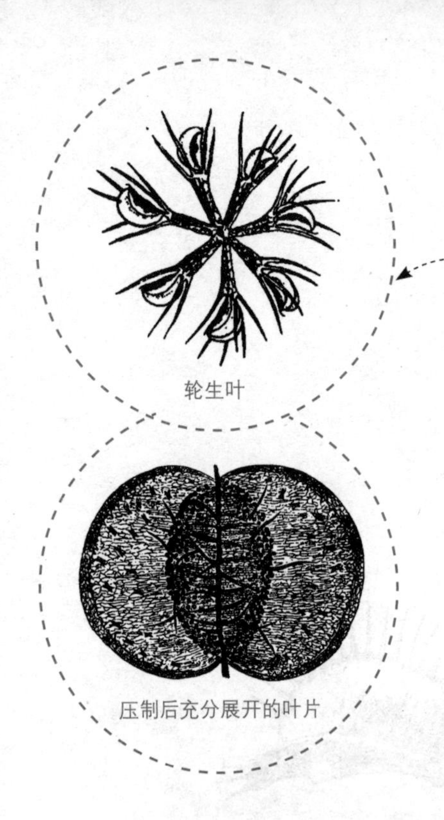
轮生叶
压制后充分展开的叶片

貉藻（*Aldrovanda vesiculosa*）又被称为“水中的捕蝇草”。这种植物的两瓣叶片通常是闭合的，然而在高温的环境下会张开，一旦碰触便会迅速闭合。闭合后24～36小时，叶片会重新舒展开，不过这是困住无机物的情况。叶片中偶尔含有小小的气泡。以前把叶片看作囊，因而这个种的种名叫“囊泡貉藻”。

貉藻的一般特征

据观察，貉藻有时会捕捉水里的昆虫。最近发现，生长在大自然里的貉藻，叶片中有许多甲壳动物以及幼虫。把水过滤之后，将貉藻植株养在里面，然后放进有许多水蚤的容器中。到了第二天早上，叶片里有一些被困住的水蚤仍在苦苦挣扎，却无法逃脱，最后只有死路一条。

貉藻没有根，在水中漂浮，叶片为轮生，叶柄宽阔，顶部有4～6个硬质凸起，每个凸起之上又长了一条短小而坚硬的刺毛。两瓣叶片的中肋顶部也有同样的刺毛，被叶片上的其他凸起围绕并保护。

叶片是由透明、单薄的组织构成，开合程度与河蚌一样。虽然比捕蝇草的叶片小很多，但并不影响它们捕捉水中的动物。叶片和叶柄的外面有很多分成两叉的小乳突，很明显和捕蝇草的8个乳突类似。

叶片中间凸起，面积略大于1/2，包含两个边缘不规则的同心圈。靠近中肋的内圈略微有些凹入，上表面布满无色腺体，与捕蝇草的腺体相似，但较之更加简单。这些腺体被两层细胞构成的柄托着。宽阔的外圈扁平单薄，由两层细胞构成。外圈上表面没有腺体，仅有分了4个叉的小凸起，顶端尖利。小凸起的外壁单薄，内有一层原生质，偶尔还有一些透明球状物质聚集起来。稍微分开的2个分叉对着叶缘，其余2个分叉对着中肋，4个分叉一起形成了正十字形，称为“四爪鳞毛”。有时候其中2个分叉会合并，形成三爪状。在后面的章节中，我们会看到这种形式与狸藻（特别是山狸藻）叶囊里的鳞毛非常像，然而狸藻属与貉藻属并没有亲缘关系。

在叶片宽阔扁平的外圈，有一条窄缘向内卷曲，当两瓣叶片闭合时，卷曲的缘口也互相碰触。缘口上有一排透明扁平的皮刺，呈圆锥形，基脚宽大，好像悬钩子属（*Rubus*）枝叶上生长的皮刺。窄缘向内卷曲时，这些皮刺朝向中肋，由纤细柔软的膜构成，特别容易叠到一起，看上去能够阻止猎物逃脱。与捕蝇草相比，貉藻叶缘的构造明显不同。皮刺和捕蝇草叶缘的刺毛不是同源器官，因为刺毛是叶片的延展，而貉藻的皮刺只是表皮的附属物。从功能上说，它们各有不同的用途。

叶片中肋上有凹入部分，上面长着腺体，还有许多纤细、锐利的毛，对于碰触非常敏感。碰触这些毛会引发叶片的闭合。它们由2排细胞构成，有时是4排，里面没有任何维管组织。与捕蝇草的6条刚毛不一样的是，它们没有颜色，中腰和毛基上各有一个关节。毫无疑问，正是这两个关节的作用，使它们虽然很长，但在叶片闭合时并不会断裂。

对貉藻进行的两个简单实验

10月初，我从丘园植物园获得了一棵貉藻，叶片从来没有张开过，在高温下也没有反应。我仔细察看了叶片的构造，并对其中2片叶子进行实验。有些遗憾的是，我没能进行更多的实验。

> 把一片叶子沿着中肋切开，使用高倍镜观察上面的腺体。将它浸入几滴生肉汁里，过了3小时20分钟，没有任何变化。过了23小时30分钟再次观察，腺体细胞里原来透明的液体变成了大块的球形团块。由此可见，腺体从浸液中吸收了某种成分。

与捕蝇草相比，貉藻腺体的分泌液更能溶解或者消化猎物的动物性物质。要是这种猜测没错的话，腺体在吸收少量的可溶动物性物质之后，叶片的凹入部分也许会缓慢运动，直至互相咬合。叶片里的水分会被挤压出来，这样，分泌液不会被稀释，仍能发生作用。

我又用尿素进行实验。之所以选尿素，一部分原因是四爪鳞毛可以吸收尿素。有生命力的物质内部发生化学变化得到的最后产物，其中之一就是尿素，所以尿素应该可以代表尸体初期的腐坏。另一部分原因是，叶片捕猎到一些大甲壳动物时，由于动物的挣扎和叶片的挤压作用，有些肠形的东西会被排泄出来，并以此来脱身。大多数叶片中都有这种排泄物，其中肯定含有尿素。凹入的叶片如捕蝇草的叶片般缓慢闭合，空腔里掺杂了排泄物和腐坏物质的水逐渐被挤压，浸润着四爪鳞毛。在空腔中有气泡的情况下，脏水通常会渗出来。

> 把一片叶子切开观察，可见腺体外层细胞里只有透明的液体。部分四爪鳞毛里有几个球形颗粒，部分透明而中空。标记它们的位置后，将这片叶子浸泡到1份尿素兑146份水的液体中，过了3小时40分钟，腺体或者四爪鳞毛没有发生任何变化；过了24小时，仍然如此。

由此可见，尿素与生肉汁的作用，至少在这两次实验中，能看出略有差别。四爪鳞毛的表现却不太一样。在尿素中浸泡了24小时后，细胞壁上的原生质发生了轻微的收缩，不再像原来那样均匀，很多地方出现黄斑和条纹，形状细小、不规则，这与尿素作用过的狸藻四爪鳞毛细胞里的情况相同。此外，一些之前中空的四爪鳞毛，现在都有了黄色球状物质，但体积中等或偏小，聚集程度也不同，这与狸藻在相同情况下的反应一致。叶片向内卷曲的缘口上的皮刺，也发生了相似的反应：细胞壁中的原生质略微收缩，内有小小的黄色斑点，之前中空，现在变成了透明的团块，呈球形或者不规则状。这也就意味着，在24小时内，缘口皮刺和四爪鳞毛都从浸液中吸取了某种成分。

> 一片老一点的叶子仅浸入脏水，四爪鳞毛内也形成了透明的球形团块，半聚集起来。
>
> 对于1份碳酸铵兑218份水的溶液，貉藻的叶片却毫无反应。这个反面结论与同等条件下观察到的狸藻的情况一样。

总结

貉藻长有两个关节的毛，与捕蝇草的刚毛类似，都十分敏感，碰触后会引发叶片的闭合。与捕蝇草进行类比后，加上上述几个实验可以得出，**貉藻的腺体能够分泌消化液，并能吸收消化得到的物质。**

此外，从四爪鳞毛浸泡在尿素溶液中过了24小时产生的反应，捉住甲虫后出现的褐色颗粒物质，以及与狸藻进行类比等，可以推断出，貉藻能够吸收动物的排泄物以及腐坏的物质。更神奇的是，叶缘向内卷曲的缘口上的皮刺也能吸收腐烂的动物性物质。通过这些情况，我们才能了解缘口上长有尖利、纤细、柔软的皮刺，叶片扁平宽阔、外圈长有四爪鳞毛的意义之所在。由于叶片内腔中有动物残骸，腐坏之后会流出脏水，所以叶片表面肯定会被脏水污染。

假如我的想法没有问题，那么同一叶片的各个部分应该具有不同功能，一些为了真正的消化，另一些为了吸收腐坏的物质。植物逐渐丧失这两种功能中的任何一种，都会慢慢适应并扩展另一种，以取代丧失的那种功能。这一点可以通过捕虫堇属和狸藻属的一些情况得到证实。

Chapter 11

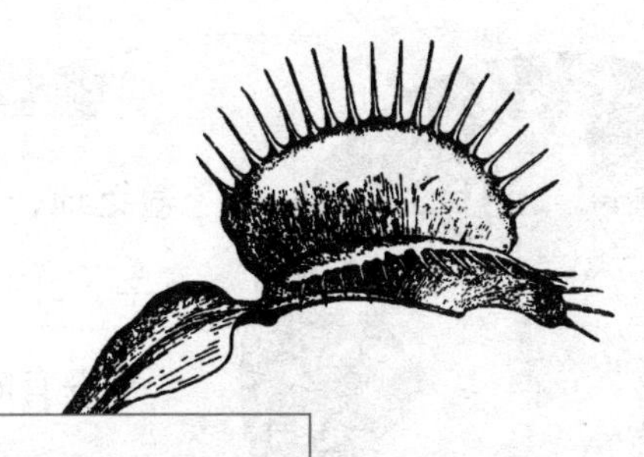

捕虫堇属

捕虫堇

捕虫堇（*Pinguicula vulgaris*）生长在潮湿之地，多见于山上。多数植株具有8片叶子，叶片厚实，呈长椭圆形、淡绿色，几乎没有叶柄。成熟的叶片长约38.1毫米、宽约19.05毫米。稚嫩的新叶笔直生长，中间向内陷；外面的老叶平展或者凸出，紧贴地面。整个植株外形很像一个莲座，直径为七八十毫米。叶缘都向内卷曲。

叶片上表面布满两种腺毛，腺体大小不同，毛柄的长短也不同。大一点的腺体从顶端看呈圆形，十分厚重，内有16个呈辐射排列的细胞，其中充满均匀的淡绿色液体。腺体下方有长形单细胞毛柄，内有一个核。毛柄长在略高的一个凸起之上。小一点的腺体，细胞数量减半，里面是淡色的液体，毛柄较短，除此之外都与大腺体相同。靠近中肋和靠近叶片基部的腺毛的毛柄都具有多个细胞，比其他部位的长一些，腺体更小一些。所有腺体分泌的液体都无色且异常黏稠。我曾经看到过一条腺体的分泌液，竟然拉出了约46厘米长的细丝，不过这个腺体是受了特殊刺激的。叶缘半透明，没有腺体。与茅膏菜腺体相似的是，中肋向外生长的螺纹导管末端，位于叶缘带螺旋纹的细胞上。

捕虫堇根系短小。

> 我在北威尔士挖到了3棵捕虫堇属植株，洗干净后观察，每棵有五六条不分叉的根，最长的不到30毫米。过了3个月，我得到另外2棵幼小的植株，它们的根多一些，一棵有8条，另一棵有18条，长度都不到25毫米，并且极少分叉。

一位朋友送给我39片精心挑选的捕虫堇叶子，上面都粘着某种物质。在所有叶片中，有32片捕猎到142只昆虫，平均每片叶有4.4只昆虫，这还不算小段的昆虫残骸。除了昆虫，有19片叶子上粘了被风吹来的4种植物的小叶子（欧石南是最常见的），以及3棵幼苗。有一片叶子居然粘了10片欧石南的叶子。另有6片叶子粘有很多苔草和1粒灯芯草的种子或者果实，也有一些苔藓和其他残屑。这位朋友后来又采集了9棵植株，共计74片叶子。除了3片嫩叶，其他叶片都捕捉到了昆虫：1片捉到30只，1片捉到18只，1片捉到16只。另外一位朋友在爱尔兰的多尼戈尔观察到一些植株，总共157片叶子，其中70片叶子上有昆虫。他把70片叶子中的15片送给了我，平均每片叶子上有2.4只昆虫，有9片上粘有其他植物的小叶子（多半是欧石南）。我儿子弗朗西斯在瑞士的捕虫堇（也许是高山捕虫堇）叶片上，看到了几片欧石南的叶子，还粘有苔草的果实。这些叶片捕捉到的昆虫较少。与常见的捕虫堇相比，高山捕虫堇的根异常发达。马歇尔先生在坎伯兰帮我检查了10棵植株，共计80片叶子。其中，63片

（79%）捕捉到了143只昆虫，平均每片叶子上有2.27只昆虫。没过几天，他给我寄了几棵植株，14片叶子上粘有16颗种子，有1棵植株的3片叶子上，每片叶子都有1颗种子。这16颗种子分别属于9种植物，虽然不太能肯定这9种植物都是什么，但肯定有一种是毛茛，三四种是苔草。在上述例子中，捕捉到的虫通常都是双翅类，也有膜翅类（包括一些蚁类），偶尔有小鞘翅类、幼虫、蜘蛛，以及小型蛾类。

总而言之，捕虫堇的叶片虽然粘住了许多昆虫和其他东西，但无法就此认为这是有利的。然而，昆虫尸体和其他含氮物质能激发腺体的分泌，消化动物性物质，如熟蛋白、血纤维等。除此之外，腺体吸收了溶解的含氮物质后，透明的内含物会缓慢地聚集，形成颗粒状的原生质团块。植株捉到昆虫后也会产生同样的反应，因为它生长在贫瘠的土地里，根系短小，所以肯定能从这种消化中受益。

叶片的运动

捕虫堇的叶片肥厚宽阔，受到明显的刺激时会向内卷曲。实验必须使用分泌量大且没有捉到（必要时可人工干预）很多昆虫的叶片。天然生长的老叶，叶缘早就向内卷曲到难以察觉运动能力的程度，就算能够运动，也极其迟缓。我先详细阐述测试过的重要实验，最后再加以总结。

挑选一片几近笔直的嫩叶，其两侧叶缘都轻微向内卷曲。在一侧叶缘上，放入一排苍蝇。到了第二天，也就是过了15小时，这一侧叶缘 向内卷曲 了大约2.5毫米的宽度，就像人的耳郭外侧，且把那排苍蝇掩住了。然而，叶片的另一侧毫无反应。放入苍蝇一侧的腺体，以及叶缘上向内卷曲时与苍蝇接触的部分腺体，都在大量分泌液体。

在一片平铺在地面上的老叶的一侧叶缘放入一排苍蝇。同样过了15小时之后，叶缘开始向内卷曲，并且已经分泌了大量液体，覆满了钥匙状的叶尖。

在一片健康的叶子尖端放入一些大蝇的残骸，在一侧叶缘的中部也放一些大蝇残骸。过了4小时20分钟，叶缘稍微有些内卷。下午，内卷增加了一些，但到了第二天早晨没有进一步变化。叶尖两侧的边缘都向内卷曲了一些。之前还没有发生过叶尖向叶基卷曲的情况。过了48小时（从放入大蝇开始算起，以下都按此计算），整个叶缘开始伸直。

实验四

在叶尖下方的中线上放入一只大蝇，过了3小时，叶片两侧都向内卷曲；过了4小时20分钟，卷曲加大，甚至裹住了大蝇；过了24小时，叶尖附近的两缘（下方没有任何反应）互相靠近，根据测量，其距离为2.795毫米。取出大蝇，用水冲洗叶片，把叶面洗干净。又过了24小时，两缘距离为6.349毫米。这也就是说，叶片舒展了。之后又过了24小时，叶片完全舒展。在原来放大蝇的地方，再放入另外一只大蝇，观察叶片反应。过了1小时，叶缘稍微有些卷曲；又过了24小时，卷曲没有增大。

另外一片叶子，曾在4天以前紧紧地卷住一只大蝇，之后重新舒展开。在其叶缘上放入一粒肉屑，并没有引发卷曲。之后，叶缘开始向外反卷，像是受了伤害，并维持了3天这样的状态。

实验五

在一片叶子一侧叶缘和中肋的中间，距叶尖与叶基相同的位置，放入一只大蝇。过了3小时，靠近大蝇的那侧叶缘稍微向内卷曲；过了7小时，卷曲非常明显；过了24小时，卷曲的叶缘离中肋仅有4.064毫米。之后叶缘逐渐恢复，大蝇还在叶面上。第三天早晨，也就是放入大蝇的48小时后，卷曲的叶缘已经复位，距离中肋7.62毫米。

选一片中间凹的嫩叶，叶缘天然向内微卷。在叶缘一侧放入2小块长形的烤肉屑，每块烤肉屑的一侧紧贴微卷的叶缘，两者相距11.68毫米。过了24小时，叶缘匀称地向内强烈卷曲，并且肉屑上方3.048毫米和下方3.302毫米的一段叶缘也都向内卷曲。如此一来，由于2块肉屑的联合作用，这侧的叶缘受到影响的长度，远远多于2块肉屑之间的长度。虽然由于肉屑太大了，叶缘无法把它们完全裹住，但已经掀动了肉屑，甚至将其中一块掀得直立起来。过了48小时，叶缘重新舒展，肉屑也恢复原状。又过了2天，叶缘完全舒展开，只留了天然微卷的边缘。一块肉屑已经远离叶缘，距离为1.70毫米。这就意味着它被推动着向内移动了不少的距离。

取一片嫩叶，在向内卷曲的边缘上放入一块肉屑，肉屑与叶缘相距2.795毫米。等到这片叶子完全舒展时，叶缘与中肋相距8.89毫米。由此可见，肉屑被推动着向内移动了约6毫米。

把2粒海绵浸入浓稠的生肉汁中，取出来放在2片叶子（一片老叶、一片嫩叶）向内卷曲的边缘内侧，紧挨着叶缘。仔细观察叶缘和中肋之间的距离变化：过了1小时17分钟，叶缘略微向内卷曲；过了2小时17分钟，2片叶子都发生了明显的卷曲，叶缘和中肋之间的距离减半；过了4小时30分钟，卷曲程度略增；过了17小时30分钟，距离维持不变；35小时（从放下海绵算起）之后，叶缘微微舒展，嫩叶比老叶多舒展一些；直到第三天，老叶才完全舒展。现在，2粒海绵离叶缘都有2.54毫米，即叶缘和中肋距离的1/4。

把一条烤肉纤维（粗细与鬃毛相仿）用唾液蘸湿以后，放在一片叶子天然内卷的叶缘边上。过了3小时，

这侧的叶缘发生了强烈的卷曲；过了8小时，叶缘卷成了一个圆环，里面的直径约为1.27毫米，包裹住烤肉纤维；过了32小时，叶片始终处于圆环状态；过了48小时，叶缘舒展了一半；过了72小时，叶缘彻底平展，和没放入烤肉纤维的那一侧一样。由于烤肉纤维被叶缘裹住，所以并没有向内移动。

把6颗卷心菜的种子浸入水中泡一晚后放在一片叶子天然内卷的叶缘旁边，摆成一排。这些种子其中也有腺体可以溶解的物质。过了2小时25分钟，叶缘明显发生了卷曲；过了4小时，卷曲到种子的一半；过了7小时，卷曲到种子的3/4，形成了一个圆环，但是没有紧密地包裹住种子；过了24小时，卷曲不增反减，接触到种子的腺体分泌了大量的液体；过了36小时（从放上种子算起），叶缘舒展了大半；过了48小时，叶缘彻底舒展开。由于种子已不被叶缘包裹，分泌液也慢慢减少，所以一些种子滑了下去。

在2片健康的嫩叶边缘放入一些玻璃碴。第一片叶子，过了2小时30分钟，叶缘微微卷曲，此后保持不变；过了16小时30分钟（从放入玻璃碴算起），叶片彻

底舒展。

第二片叶子，过了2小时15分钟，叶缘微微卷曲；过了4小时30分钟，发生了明显的卷曲；过了7小时，叶缘强烈地卷曲；过了19小时30分钟，叶片开始舒展。

碎屑类物质只能引起腺体分泌量略微增加，这点在我又进行的另外2次实验中得到了证实。

我之后又在一片叶子上放入煤灰屑，没有引发任何反应。也许是由于煤灰屑太轻，也许是因为叶片太衰弱。

在2片叶子的一侧边缘滴入浓生肉汁，在另一侧边缘放入蘸了生肉汁的海绵颗粒。做此实验是为了确认，当液体和固体能提供给腺体同样的可溶性物质时，是否会引发同样强烈的反应。从结果来看，这两者并没有什么区别，至少卷曲的程度没有任何差别。然而，放入海绵颗粒的一侧叶缘的卷曲时间比较长。实际上，从海绵颗粒保持湿润和能长时间提供含氮物质这方面来说，这个结果是必然的。滴入生肉汁的叶缘，过了2小时17分钟，发生了明显的卷曲。之后，卷曲不断增加，但过了24小时，叶片开始舒展。

在一片中间凹入的嫩叶上，沿着中肋滴入实验十二中的浓生肉汁。这片叶子上天然卷曲的叶缘之间，最宽相距13.97毫米。过了3小时27分钟，这段距离开始变小；过了6小时27分钟，距离变为11.43毫米，也就是缩小了2.54毫米；过了10小时37分钟，叶缘重新开始舒展，两个叶缘之间的距离增加；过了24小时20分钟，两个叶缘之间的距离几乎恢复。

从这个实验可知，运动冲动可从中肋横向传导5.590毫米给两侧的叶缘（准确地说是5.08毫米，因为生肉汁本身也向两侧扩散了一定的距离）。然而，引发的卷曲只能维持极短的时间。

取1份碳酸铵兑218份水的溶液3滴，滴在一片叶子的叶缘上，马上引发了腺体的大量分泌。过了1小时22分钟，3滴溶液汇集。继续观察24小时，没有发现叶片卷曲。根据经验，这种盐的浓溶液不会损伤茅膏菜的叶片，但会使其麻痹，无法运动。从该实验和下面的实验可知，其对捕虫堇的作用也一样。

取1份碳酸铵兑875份水的溶液，在一片叶子的叶缘由上至下滴一排。在1小时内，叶片发生了轻微卷曲；过了3小时30分钟，卷曲异常明显；过了24小时，叶缘彻底舒展开。

取1份磷酸铵兑4375份水的溶液，在一片叶子的叶缘由上至下滴一排，未引发任何反应。过了8小时，沿着叶缘再滴一次，仍然没有引发反应。根据经验，这种浓度的溶液对于茅膏菜有很强的作用。也许是由于浓度过高，我应该用稀一些的溶液做此实验。

由于玻璃碴的压力引发了叶片向内卷曲，我决定再用钝一点的针试试。轻触2片叶子的叶缘，分别试了几分钟，都没有引发任何反应。

用一条鬃毛尖摩擦用生肉汁浸湿的叶面，持续10分钟，以此模仿捉到的昆虫的挣扎。然而，与叶片其他地方相比，这一侧叶缘的弯曲并没有快多少。

从上述实验可以看出，任何可溶性物质放在叶片上，受到这些物质和某种液体（生肉汁和碳酸铵稀溶液）的刺激后，叶片的边缘都会向内卷曲。碳酸铵的浓溶液促使腺体分泌了大量的液体，但同时也麻痹了叶片。水、糖液、树胶的液滴都不会引发任何运动。刮蹭叶片几分钟，也没有引发任何反应。

由此可见，在两种因素下，叶片才会发生运动，即轻微而持续的压力，以及含有可吸收含氮物质。叶缘向内卷曲，但叶尖不会屈向基部。腺毛的毛柄没有任何运动能力。

叶缘的明显运动，最短是在2小时17分钟后发生的。这是含氮物质或某种液体放在叶面上导致的结果；有时甚至只过了1小时或者1.5小时，就有运动的迹象。玻璃屑的压力与吸收含氮物质，引发运动的速度都很快，然而它们使叶片向内卷曲的程度不同，前者要小得多。

一片叶子向内卷曲到一定程度后，重新舒展开，此时对于新近刺激不会马上产生反应。叶缘从受刺激的地方纵向延伸，会传导3.302毫米的距离；相距11.68毫米的两点同时受到刺激后，会横向传导5.08毫米。与茅膏菜传导运动冲动会增加分泌量有所不同，捕虫堇一个腺体受到强刺激而大量分泌液体时，对周围的腺体不会产生任何影响。叶缘向内卷曲与增加分泌量无关，例如，玻璃屑引发了少量分泌或不分泌，叶片仍然发生了运动；而碳酸铵浓溶液快速地引发了大量分泌，叶片却没有发生运动。

在叶片的运动中，最为奇特的是向内卷曲的时间短促，即使刺激源仍在原处。我想探索一下叶片卷曲持续时间短会带来什么影响。叶缘包裹的时间短促的好处要比想象的多。生活在潮湿地区的这种植物，叶片上粘住了很多昆虫，等到下大雨的时候，昆虫会被冲到自然向内卷曲的叶缘窄槽里。比如，北威尔士的朋友在几片叶子上放了一些昆虫，下了2天的大雨后，有些虫子被雨水冲走了，有些则被冲到了紧紧卷曲的叶缘槽里，其中接触到昆虫的腺体正在分泌液体。我们从这些例子中可以发现，卷曲的叶缘中总有很多昆虫或其残骸的原因。

受刺激后向内卷曲的叶缘，会带来更加重要的影响。之前我们曾经说过，在叶片上放入大粒的肉屑或者蘸了生肉汁的海绵颗粒时，虽然叶缘向内卷曲，却无法把它们全部裹起来。但中等大小的东西能够缓慢地接触许多腺体，引发大量的分泌与吸收。如此一来，捕虫堇便可以进行消化吸收。而且，捕虫堇把昆虫推向中肋达到某种程度后，叶缘马上重新舒展是为了捕猎新食物。这种推动昆虫的动作，以及叶缘腺体与昆虫短暂接触带来的反应，更有利于植物本身的生存。

捕虫堇叶缘通常会自然地向内卷曲，除了阻止昆虫被雨水冲刷走，它还有另一种作用。一些腺体在肉屑、昆虫或者其他强刺激物质的作用下，分泌液会沿着叶面滑落，然后被向内卷曲的叶缘接住，而不是掉到地面上。这些分泌液流入叶缘槽里时，新鲜腺体会吸收其中溶解的动物性物质。此外，叶缘槽内和钥匙状的叶尖里，经常会有一些分泌液。通过实验可知，叶缘槽内的熟蛋白颗粒、血纤维和面筋等，与在不能存储分泌液的叶面上相比，会溶解得更快、更彻底。对于自然捕猎到的昆虫，结果也一样。不容易淋雨的植株，叶面会用卷边的方式存储分泌液；而容易经历风雨的植株，也可以用卷边来阻止分泌液和溶解的动物性物质的流失。

我们注意到，与盆栽捕虫堇植株相比，在大自然中生长的捕虫堇植株，叶缘向内卷曲的程度大，很明显不容易捕食猎物。我们已了解到，雨水会冲刷叶面粘住的昆虫，并使之流入叶缘槽内。叶缘受到此刺激后，向内卷曲得更加强烈。由此可以假定，在植株活着的时候，这种动作会反复多次进行，导致叶缘向内卷曲成固定的姿态。

分泌、消化与吸收

由前述实验和观察可见，少量不含有可溶性氮化物的物质，很少或者无法引发腺体的分泌。提高不含氮液体的浓度，会使腺体分泌大量黏稠液体，但是液体不具有酸性。

此外，接触到含氮固体或液体而引发分泌的腺体，分泌液均呈酸性，且分泌量极大，通常能流到自然向内卷曲的叶缘槽里。这种分泌液有消化能力，可以快速溶解昆虫、肉屑、软骨、熟蛋白、血纤维、明胶以及奶酪里面的酪蛋白。化学制成的酪蛋白和面筋，对腺体来说，都是强烈的刺激源，不过这两种物质（面筋没有提前用盐酸浸泡）只能部分溶解，与茅膏菜的观察结果一致。

可溶性氮化物，无论来自固体，还是生肉汁、牛乳或者碳酸铵溶液等液体，都会被迅速吸收。之前的腺体内含物透明，呈绿色，经过吸收，变成了褐色的颗粒状物质，聚集成团块，自主运动。不含氮的液体不会产生这样的作用。腺体受到刺激而大量分泌液体后，会休息一段时间再继续分泌液体。

接触到花粉粒、其他植株的叶片、不同种子的腺体，捕虫堇腺体会分泌大量的酸液，然后再把其中的蛋白质吸收回去。由此得到的好处并不是微不足道的，因为在捕虫堇生长的自然环境中，风会吹来各种花粉、叶片、种子，如苔草、禾本科等，掉落到呈莲座状、满是腺体的叶面上。有时候，几颗花粉落到一条腺体上，引发腺体大量分泌液体。捕虫堇叶面经常会粘住欧石南等植物的叶子，还有不同的种子，特别是苔草的。例如，在一棵捕虫堇上，1片叶子粘住10片欧石南叶，另外3片叶子分别粘住了1颗种子。总而言之，根细小的捕虫堇能够从捕猎到的昆虫那里得到很多好处，也能够从叶片粘住的花粉、叶子、种子等植物中获得养分。因此，捕虫堇可以说既食肉也食草。

Chapter 12

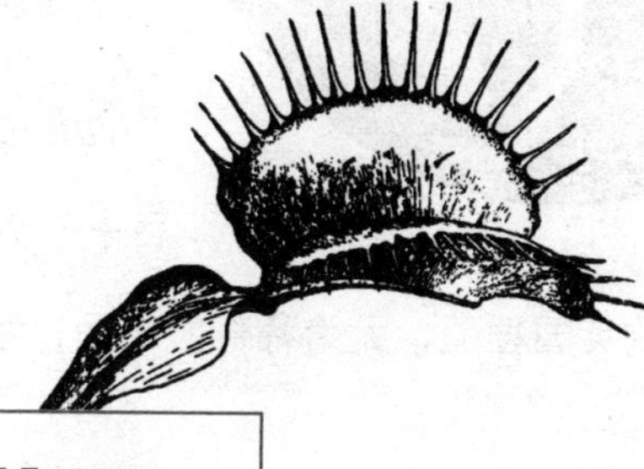

狸藻属

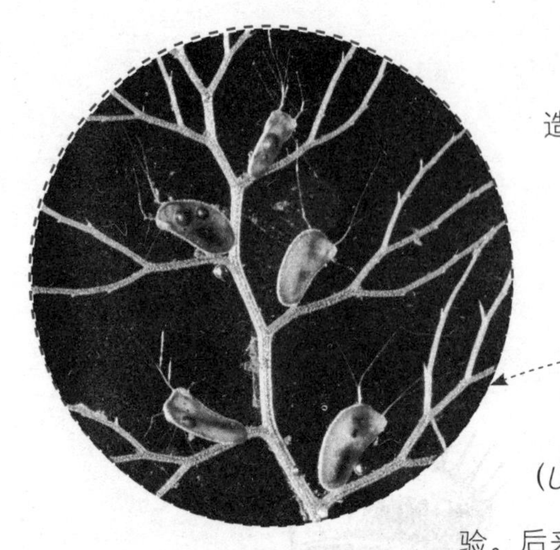

之所以研究狸藻属植物的习性和构造，部分原因是它们与捕虫堇属同属一科。更为重要的是，狸藻属的泡囊经常困住水生昆虫，由此推测这种植物能够捕食昆虫。之前我曾经收到过来自汉普郡和康沃尔郡的植株，我以为是狸藻（*Utricularia vulgaris*），用它们做了许多实验。后来胡克博士做了鉴别，它们是不列颠三岛特有的英国狸藻，尤为稀奇。之后，我收到了来自约克郡的真正狸藻。

英国狸藻

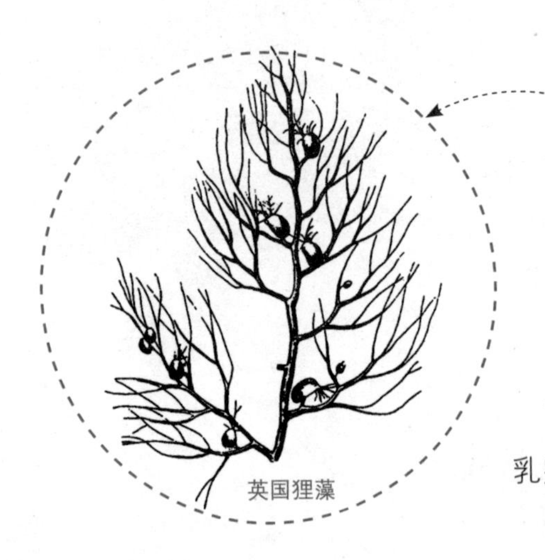
英国狸藻

英国狸藻（*Utricularia neglecta*）的一条枝上长着羽毛状分叉的叶片和泡囊。叶片会分出许多叉来，最多二三十个，每个叉的尖上是短直的刚毛，叶边的小豁口上也有一样的刚毛。叶片正反面都有无数个小乳突，乳突的顶端有两个连在一起的半圆形细胞。整个植株漂浮在水上，没有根系。根据多个观察者的说法，英国狸藻一般生长在污浊的水中。

泡囊这个结构值得关注。一片分叉的叶片上，通常有两三个泡囊。它们长在叶基附近，也有长在茎上的。泡囊的下方有一个短柄，成熟时约2.54毫米长。泡囊半透明，呈绿色，囊壁由两层细胞组成。外层细胞为大一点的多角形，但边缘相交处是小一些的圆形，后者托起小小的圆锥形凸起。凸起的尖上有两个半圆形细胞，排列密实，连在一起。然而，浸泡在某种溶液中，两个半圆形细胞会分离。这种凸起与叶片上的乳突一模一样。同一个泡囊上，特别是没成熟的泡囊，长出来的凸起也各不相同，少数呈椭圆形，而不是半圆形。泡囊末端的两个细胞透明，把它们长久地浸泡在酒精或乙醚溶液中，可以产生不少凝固物质。由此可以断定，其内部有许多可溶性物质。

泡囊里充满了水，有时有气泡，但不是经常有。内含的水和空气的量决定了泡囊的大小。一般情况下，泡囊都略微扁平。幼时，泡囊的扁平面朝向茎部，短柄会缓慢运动。我从花房里观察到，大部分成熟的泡囊，扁平面经常垂直或者歪斜地朝向平面。

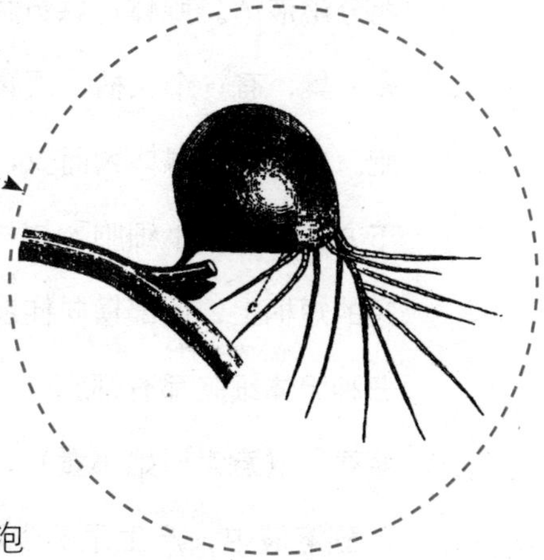

短柄笔直生长，泡囊与其连接的一面称为“腹面”。背面凸出。顶端有两个长延伸物，由几层细胞构成，其中还含有叶绿素。延伸物外侧长有六七条多细胞刚毛，细长而尖利。我将延伸物称为“触须”，因为泡囊很像切甲类甲壳动物，而短柄犹如尾巴。囊端位于两条触须下方，呈平截形，是泡囊中最重要的组成部分——泡囊的入口和瓣盖。入口两边通常各有3条多细胞刚毛，有的可达7条，向外伸展。这些刚毛与触须上的刚毛一起围绕入口，尖端聚合，形成一个锥形。

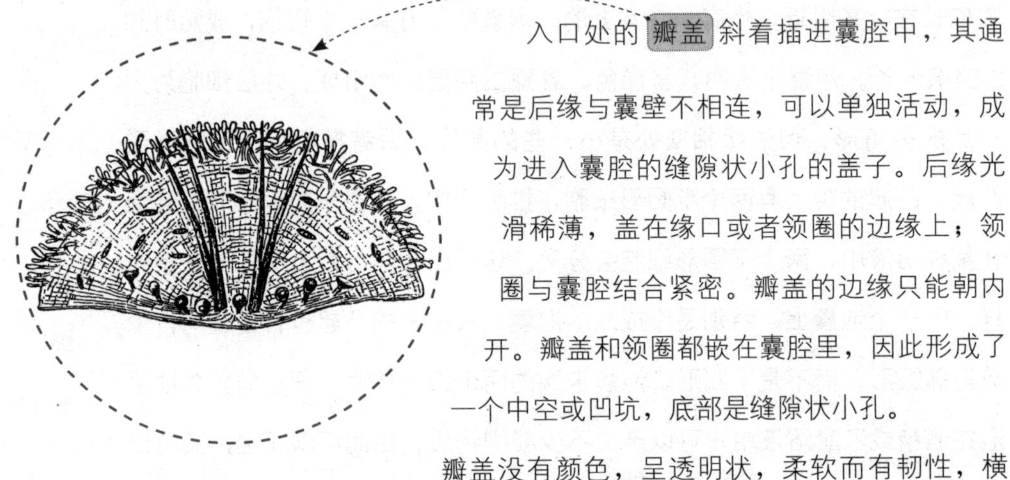

入口处的瓣盖斜着插进囊腔中，其通常是后缘与囊壁不相连，可以单独活动，成为进入囊腔的缝隙状小孔的盖子。后缘光滑稀薄，盖在缘口或者领圈的边缘上；领圈与囊腔结合紧密。瓣盖的边缘只能朝内开。瓣盖和领圈都嵌在囊腔里，因此形成了一个中空或凹坑，底部是缝隙状小孔。

瓣盖没有颜色，呈透明状，柔软而有韧性，横截面凸出。瓣盖由两层小细胞构成，与囊壁的两层大细胞相连，显而易见是囊壁的延伸。后缘附近长出两条透明的刚毛，细长而尖利，与瓣盖同长，斜伸向触须。瓣盖表面长有许多腺体，能够吸收物质，但不清楚是否能分泌液体。腺体总共分为3种，彼此交错生长。瓣盖前缘上的腺体，量多密集，有一个长柄，顶端为长圆形。长柄就是一个长形细胞和一个小细胞。后缘上的腺体大而少，呈球形，有短柄，顶端由两个细胞聚集而成，下方也是一个小细胞，与长圆形腺体毛柄上的小细胞类似。第三种长在极短的短柄上，顶部横向伸展，与瓣盖的表面平行，称为“两爪腺体”。这三种腺体细胞都有细胞核，细胞壁上有一层薄薄的颗粒状原生质，即“原浆壶”（意为原始小囊），里面充满液体。把它们长久地浸泡在酒精或者乙醚溶液中，产生了不少凝固物质，由此可断定里面还有许多可溶性物质。瓣盖周围的囊壁上也长满了腺体，与相连的瓣盖上的腺体极为相似。

领圈与瓣盖相同，都是由囊壁向内凸出来的部分组成。领圈外表面细胞，也就是对着瓣盖的细胞，细胞壁厚实，原生质呈褐色，纤细而稠密；下方细胞被分成了两部分。领圈的外形精致而复杂，里面的细胞与囊壁内表面连在一起，内外表面有粗大的细胞组织，其中内表面有细长的两爪凸起。领圈的构造厚实坚硬，无论泡囊中有多少水和空气，总能维持固定的形态。此点至关重要，否则薄软的瓣盖缺乏领圈的支撑会变形，不能正常发挥作用。

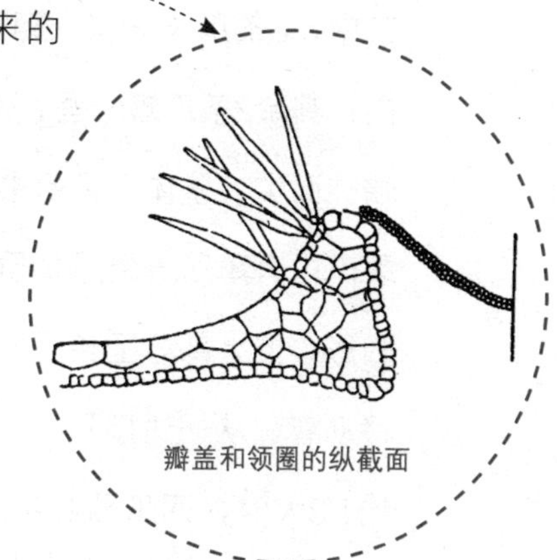
瓣盖和领圈的纵截面

通过显微镜观察泡囊的入口，有透明的瓣盖覆盖，上面长着4条歪斜的刚毛，还有许多形状各异的腺体；再向外是领圈，内表面有腺体，外表面有刚毛；触须上也有刚毛；整体结构看上去非常复杂。

我们再来看看泡囊的内部构造。用中高倍显微镜观察，内表面除了瓣盖，其余部分都覆满了浓密的凸起。每条凸起又有4条分叉，所以被称为“四爪凸起”。它们长在小小的多角形细胞上，细胞长在构成泡囊内壁的大细胞边缘处。小细胞的中央凸出来，而后收缩成一个狭小的短柄，支撑着这4条爪。

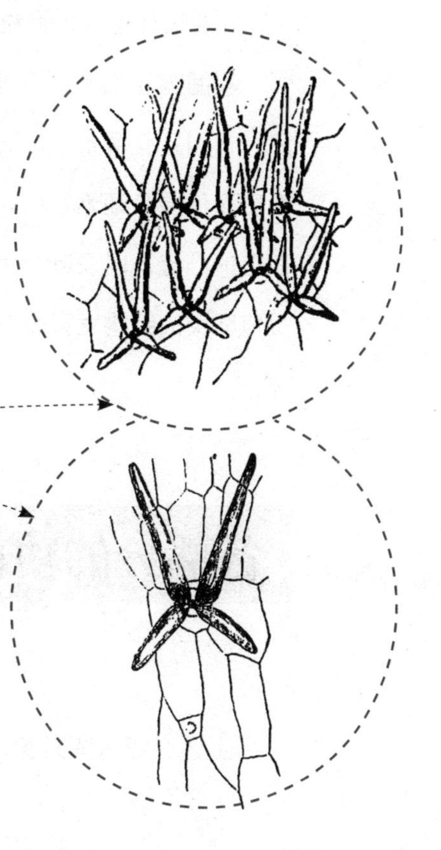

其中，2条爪长一些，但不是一样长，向内斜伸出来，即朝着泡囊后缘方向；其余2条爪短一些，水平伸展，即朝着泡囊前缘水平方向。4条爪的顶端钝而尖，整体由稀薄柔软的透明膜构成，能够向所有方向弯曲而不会断裂。内有薄薄一层原生质。每个爪里通常有一个浅褐色的小颗粒（有的呈圆形，但大部分呈长圆形），正不断地进行无规则运动。这些颗粒缓慢地移动着，从一边挪到另一边，多数时靠近基部。泡囊大约发育到成熟泡囊的1/3大时，四爪凸起中就有了这些颗粒。它们与正常的细胞核相比略有变化。当它们消失后，我还偶尔在它们的位置上看到淡淡的光环里有一个暗点。此外，在美洲狸藻的四爪凸起里，有大一点的球形颗粒，形状更规整。偶尔也有一个爪里有两三颗甚至更多颗粒，但好像只在吸收腐坏物质后，才会出现这种多颗粒的情况。

领圈内表面长了几排浓密的凸起，与四爪凸起的区别仅在于爪数不同。它们只有两条爪，略窄、纤细，被称为“两爪凸起”。它们也朝着泡囊后缘伸展。毫无疑问，无论是四爪凸起，还是两爪凸起，都与泡囊外表面上的凸起，以及叶片上的乳突，起源相同。下面我会说明，它们都是由类似乳突的结构发育而成的。

各部分的功能

上述介绍有些冗长，不过必不可少，现在我们来说说狸藻各部分的功能。有人认为泡囊是浮子，然而没有泡囊的枝条和人工切除泡囊的枝条，由于细胞之间充满了空气，也会浮在水面上。泡囊中有死亡或者新捕捉的动物，通常也会有气泡。不过，气泡并不是因腐坏滋生的，我见过未成熟的空泡囊里也有气泡，而一些成熟且有许多腐烂虫体的泡囊里却没有气泡。

泡囊的真正功能是捕猎小的水生虫类，而且能捉住很多。7月初，我收到第一批英国狸藻植株，大多数泡囊里都有虫子。8月初，第二批植株也到了，大多数泡囊空无一物，也许是因为这一批植株特意采自清水。在第一批中，我儿子观察了17个有动物的泡囊，其中有8只切甲类甲壳动物、3只幼虫（有1只还活着）、6只动物残骸（早就腐烂了，根本没办法辨认）。挑选5个看上去饱满的泡囊，其中4个分别困住了4、5、8、10只甲壳动物，第5个只有一只长长的幼虫。再挑选5个里面有残骸且不饱满的泡囊，分别困住了1、2、4、2、5只甲壳动物。

一天傍晚，科恩教授把一株长在纯净水中的狸藻放入含有许多甲壳动物的水中，到了第二天早上，大部分的泡囊里面充满了这些甲壳动物，正在来回游动。此后的几天，它们一直活着，后来可能是泡囊中的氧气没了，这些动物都窒息而死。科恩教授还观察到一些泡囊里有淡水蠕虫。有腐败残骸的泡囊还包含很多不同的藻类、浸滴虫和其他种类的低等生物，很明显它们都是误入其中。

瓣盖的后缘是活动的，动物一旦闯进去，瓣盖借助强大的弹性，马上就会闭合。瓣盖超薄，紧贴领圈的边缘，两者又都向内伸展，所以被困住的动物很难逃走。

我儿子以前见过一只水蚤，它的一条触须伸到了瓣盖的缝隙间，然后就被困住了，花了一整天的时间都逃不出去。我也遇到过三四次活着或者死去的细长幼虫，身体卡在瓣盖和领圈的边缘，有一半被困在泡囊里。由此可见，瓣盖是十分紧实的。

我不知道那么柔软的小动物是怎么闯入泡囊的，为此做了很多实验。

●用针或者细发丝插入瓣盖缝里，活动的瓣盖很快就弯曲了，没有遇到任何阻力。

●把一根细发丝绑在小棍上，有6.35毫米的发丝自然垂下。刚开始发丝太短，不好插进瓣盖，但将垂下的发丝加长又会过于细软，根本就插不进去。

●有3次把极小的蓝色玻璃屑（弄成蓝色好观察结果）放到瓣盖上，用针挑拨，玻璃屑突然不见了。由于没能观察到瓣盖的活动，所以以为玻璃屑被我搞丢了。然而，检查泡囊，玻璃屑正在里面。我儿子把几块边长为0.423毫米的绿色黄杨木屑放在瓣盖上，也发生了相同的情况。有3次，在放上去或者拨弄木屑时，瓣盖突然张开，木屑掉了进去。但他又放了一些小木屑，再三拨弄也没有掉落。我另外在3个瓣盖上放入蓝玻璃屑，在2个瓣盖上放入细小的铅笔屑。一两小时之后，蓝玻璃屑还没有掉进去；又过了2～5小时，蓝玻璃屑全都掉进去了。其中，有块玻璃屑是长形的，过了几小时，它一半在泡囊里，一半在外面。此时，瓣盖紧紧地闭合，只在边缘处留了一处空隙。陷在泡囊里的蓝玻璃屑极为牢固，撕下泡囊，用力摇晃，蓝玻璃屑都没掉出来。

●我儿子将3块边长为0.391毫米（重量刚刚能沉入水中）的绿色黄杨木屑放在3个瓣盖上。过了19小时30分钟再次观察，木屑仍在原处。过了22小时30分钟，有一块落到了泡囊里。

●偶然观察到一个泡囊里有1粒沙，另一个泡囊里有3粒沙，估计是偶然掉在瓣盖上，像玻璃屑一样落进去的。

玻璃屑和黄杨木屑在水中虽然有浮力，但也能使瓣盖缓慢弯曲。这有些类似于玻璃屑放在潮湿的明胶小条上，小条也会缓慢弯曲。把瓣盖上的一粒碎屑拨弄到另一个地方，瓣盖会突然张开。

●我曾经用针和细发丝刮蹭几个瓣盖，模仿小甲壳动物爬行，以此来测试瓣盖是否有感应能力，但是瓣盖没有张开。

●把一些泡囊放在26.16～54.4℃的温水里，过一段时间后触动它们，想看看温度的升高是否加强了感应能力，或者高温是否能引发运动，然而没有任何反应。

或许可以这么认为，动物依靠自己头部的力量，冲过瓣盖的缝隙，闯入泡囊。然而让我惊讶的是，长6.35毫米的发丝无法进入的缝隙，居然能让一些弱小的甲壳动物（如一种甲壳类的无节幼虫）和一些缓步动物冲进去。

●新泽西的特里特夫人经常观察北美小狸藻。一只小动物在一个泡囊附近缓慢游动，好像在窥伺什么，之后爬到瓣盖上，很快就掉进了泡囊。特里特夫人还看到过很多小甲壳动物被困在泡囊里。按照她的说法，介虫警惕性高，可也容易被捉住。它跑到入口处停下来，再游走，时而离得很近，甚至冒险进到入口里面，然后又害怕地跑开了。另一只介虫则较为鲁莽，冲着入口就扎进去，然后才发觉不对，马上缩紧身体，包裹在壳瓣内。

●螨的幼虫在泡囊入口处觅食，很容易把头探进去，然后就逃不了了。大一点的虫子，有时候三四小时才会被完全吞进泡囊，很像小蛇吞食大蛙的过程。然而，由于瓣盖没有感应能力，这种缓慢吞入应该是虫体自身蠕动的结果。

到底泡囊内有什么东西，能够吸引这么多生物闯进来，例如，既吃植物也吃动物的甲壳动物、蠕虫、缓步动物、各类幼虫？按照特里特夫人的说法，上述动物也许对瓣盖上的刚毛情有独钟。然而，这种口味上的偏好，并不能解释以动物为食的甲壳动物闯进去的原因。或许只是因为小型水生动物习惯钻缝隙，看到瓣盖与领圈之间有缝隙，便钻进去寻找食物，或者想获得庇佑。瓣盖为透明状也许是有原因的，这样透进泡囊中的微光便可以起到引诱生物进入的作用。入口附近的刚毛也有相同的作用。一些生长在淤泥中或者附生在其他植物上的狸藻，入口附近并没有刚毛，因而不能引诱生物进入。不过，这种附生或沼生的狸藻，瓣盖表面会有两对刚毛，向外伸展，可以防止大一点的生物莽撞地闯入泡囊，从而撕裂入口。

在有利的环境中，很多泡囊都能顺利地捕捉到猎物。例如，有一个泡囊困住了10只甲壳动物。瓣盖的构造使猎物易进难出，而且泡囊内布满四爪凸起与两爪凸起，非常适合捕食猎物。

跟同一科的捕虫堇属比起来，我猜测泡囊也能消化猎物，但狸藻没有适合分泌消化液的腺体。为了核实它们的消化能力，我把肉屑、熟蛋白、软骨，通过入口放入成熟植株的泡囊里。关在里面1～3天，然后切开泡囊，可以看到这些东西没有被消化或者溶解的迹象，棱角也没有消失。之前观察过茅膏菜、捕蝇草、捕虫堇等食虫植物，所以我对它们的整个消化过程了如指掌。总而言之，**狸藻无法消化捕猎到的动物**。

在很多泡囊中，捕获的猎物已经彻底腐烂，变成了浅褐色的残渣，外壳已绵软易散。猎物眼睛里的黑色素尚存，足部和颚部已分崩离析，多半是后闯进来的动物挣扎时扯坏的。我曾困惑，为什么在被困住的动物中，新鲜的比腐烂的要少。特里特夫人曾说，一只大一点的动物被狸藻困住后，在2天内，泡囊里的液体变得朦胧或者混沌，以至于看不出里面猎物的样子。这不禁让人怀疑，也许泡囊分泌某种酶，加速了腐坏的过程。这种怀疑还是有些道理的，把肉屑浸泡在番木瓜与水的混合液中，过了10分钟就异常柔软，很快就开始腐坏。

无论是否加速了猎物的腐坏过程，这些四爪凸起和两爪凸起肯定从里面吸收了物质。这些凸起数量极多，分布在泡囊内侧暴露的表面上，而且膜又薄又软，利于吸收。

剖开一些空无一物的泡囊，放在显微镜下观察。在爪膜壁上附着的稀薄原生质中，只有一个黄色的细胞核，呈颗粒状，略有变形。有时候，一条爪里有两三个这样的细胞核，在这种情况下，通常泡囊里都有腐坏残渣的迹象。另外，泡囊内要是有一个大的或者几个小的已经腐坏的猎物，那么这些四爪凸起就会发生改变。

我仔细观察过6个这样的泡囊，其中一个里面有1只卷曲的长条幼虫，另一个里面有1只大切甲类甲壳动物，其他里面分别有2～5个小切甲类甲壳动物，这些动物都已腐烂。在这6个泡囊里，多数四爪凸起有透明的球形或者不规则形的团块，通常呈黄色，彼此相融。还有一些凸起里只有颗粒物，细小到连显微镜都无法辨认。膜壁上附着的稀薄原生质，偶尔还会收缩。有3次，我在仔细观察这些小团块时画了一些简图，可以看出它们的位置发生了变化，爪壁的位置也随之变化。有时候，那些团块分了又合，合了又分。一个小团块会先形成一个又一个凸起，然后断裂。由此可知，这些团块确实是由原生质组成的。

我也曾观察过空无一物的泡囊，并没有发生这样的情况。由此我们可以推测，上述情况下的原生质从腐坏动物那里吸收了含氮物质。还有两三个泡囊，看上去没有动物，但仔细一找，发现有几个凸起的外面粘有褐色物质，这是极小动物腐烂的残渣。这几个凸起里有少数球形团块聚集起来，而同一泡囊内的其他凸起里面都是透明干净的。

此外还必须提到一点，有3个泡囊里含3只甲壳动物，已经腐烂了，而它的凸起里也是透明的。这也许是因为动物刚死不久，还没有彻底腐烂，或者刚刚开始腐烂，还没有引发原生质团块的聚集，又或者吸收的物质已经转移到植株的其他部分了。

四爪凸起和两爪凸起的吸收能力

为了确认某种液体是否与腐烂动物一样，能够对这些凸起发生类似的作用，我做了一些麻烦的实验。不能单纯地将植株分枝插入实验液体，因为瓣盖盖得严实，液体就算能够流进去，速度也不会很快。有一个好办法，就是刺穿泡囊。然而，这两种方法都无法确认泡囊里是否困住过小动物，以至于其内还残存腐坏物质。因此，我的实验多半都是把泡囊纵切成两半，通过显微镜观察后，在盖玻片上滴几滴实验液体，放在保湿的地方，过一段时间再去观察对比。

●将1份阿拉伯胶兑218份水，再用上述方式处理4个泡囊。为了做对比，同时用1份糖兑437份水处理2个泡囊。过了21小时，在这两种情况下，四爪凸起或者两爪凸起都没有发生任何变化。

●将1份硝酸铵兑437份水，用上述方式处理4个泡囊，过了21小时，在2个四爪凸起里，充满了细小的颗粒物，附着的稀薄原生质收缩了。又过了8小时，第三个泡囊里面的四爪凸起含有显而易见的颗粒物，也收缩了；第四个泡囊里，多数原生质浓缩成了不规则的黄色斑点。从此例和其他例来看，这些黄色斑点好像是从其他较大的颗粒物里游离出来的。

●还有几个干净的泡囊看起来没有捕猎过，通过刺穿泡囊滴入溶液的方式进行实验。过了17小时，里面的四爪凸起已经有了细小的颗粒物。

●把一个泡囊纵切成两半，放在显微镜下，把1份碳酸铵兑437份水的溶液滴入。过了8小时30分钟，四爪凸起里出现很多颗粒物，原生质收缩了。过了23小时，四爪凸起和两爪凸起内部出现球形团块，呈透明状，其中一条爪里有24个中等的团块。

●2个切开的泡囊，之前在阿拉伯胶溶液（1份阿拉伯胶兑218份水）中浸泡21小时，没有反应，后来又用上述同样浓度的碳酸铵溶液浸泡。其中2个四爪突起，一个过了9小时，一个过了24小时，都发生了上述变化。

●2个看上去干净的泡囊，刺穿后放入上述碳酸铵溶液中。过了17小时，用显微镜可以观察到，一个四爪凸起有些混沌；另一个过了45小时后再观察，四爪凸起的原生质已经收缩，而且出现了黄色斑点，与经过硝酸铵溶液浸泡的反应相同。

●把几个没有受伤的泡囊放入上述碳酸铵溶液中，还有一些用1份碳酸铵兑1750份水的稀溶液浸泡。过了2天，大部分四爪凸起变得混沌，而且出现了颗粒物。不过，不知道溶液是从入口进去的，还是通过囊体从外面吸收的。

●把2个泡囊纵切成两瓣，把1份尿素兑218份水，将泡囊浸泡其中。使用尿素时，我忘记它已经在温暖的环境里搁了几天，也许已经产生了氨。过了21小时，四爪凸起开始反应，就像经过碳酸铵溶液浸泡一样，原生质已经产生了浓缩的斑点，并且有的斑点已经游离成颗粒物。

●把3个泡囊纵切成两瓣，浸泡在上述浓度的尿素溶液中。过了21小时，四爪凸起里一些爪的原生质稍有收缩，另一些爪的原生质已经分裂成2个对称的口袋形，反应比上一次实验小多了。

●把3个泡囊纵切成两瓣，浸泡在彻底腐坏的生肉汁中。过了23小时，四爪凸起和两爪凸起里充满了透明的球形团块，有些原生质已经收缩了。再把3个泡囊纵切成两瓣，浸泡在新鲜的生肉汁中。让我惊讶的是，过了23小时，其中一个泡囊的四爪凸起里出现了颗粒物，原生质略微收缩，而且出现了浓缩的黄色斑点。这就意味着，它受到了与腐坏的生肉汁或者碳酸铵溶液一样的作用。在第二个泡囊里，有些四爪凸起出现了轻微的反应。第三个泡囊压根就没有反应。

我做了上面的实验才知道，四爪凸起和两爪凸起都能吸收硝酸铵、碳酸铵和腐坏的生肉汁里的某种物质。实验之所以选择铵盐溶液，是由于我知道有空气和水时，它们会很快从腐烂的动物性物质中产生出来，所以捕猎到食物的泡囊中也一定会产生。铵盐与腐坏的生肉汁产生的作用，与自然捕捉到的动物腐坏产物不同，后者引发的原生质聚集团块更大。然而，时间足够长的话，前者产生的颗粒物和透明的球形物，也能聚集成较大的团块。从前面章节中我们知道，碳酸铵稀溶液对茅膏菜细胞最初起的作用就是产生细小的颗粒物，然后聚集成大一点的圆形团块。而沿着细胞壁游动的原生质颗粒，最终也汇集到这些团块中。在这种变化上，茅膏菜比狸藻更为迅速。泡囊不能消化熟蛋白、软骨和肉屑，但是可以从生肉汁里吸收物质，这让我有些惊讶。而且，从下面即将谈到的口道附近的腺体来看，新鲜尿素溶液对四爪凸起的作用非常有限，这也让我惊讶。

四爪凸起刚长出的样子与泡囊外和叶片表面的乳突十分相似，二者具有同源性。泡囊外和叶片表面乳突顶端也有两个半球形细胞，呈天然透明状，能够吸收碳酸铵和硝酸铵。把1份碳酸铵和1份硝酸铵分别兑437份水，将泡囊浸泡其中，过了23小时，乳突里面的原生质变成了浅褐色，稍微有些收缩，有的还出现了细小颗粒。把1份碳酸盐兑1750份水，将一条枝叶浸泡其中，过了3天，出现了同样的结果。枝叶细胞中的叶绿素颗粒也能聚集成小块的绿色团块，彼此之间有细丝相连。

瓣盖和领圈上的腺体的吸收能力

未成熟的泡囊或长时间生活在清水中的泡囊，口道附近的腺体呈无色，里面的原生质只有几颗或者没有颗粒物。然而，在自然中多数狸藻都生长在污水里，多半腺体呈浅褐色，里面的原生质也轻微收缩，有时候会破裂。细胞内有粗大的颗粒物，聚集成小团块。可以肯定的是，它们从附近的水中吸收了某种物质，这是因为浸泡在某些溶液中，过了一小段时间，也会出现相同的反应。对于自然中生长的狸藻来说，除去生长在清水中的植株，原生质聚集是一种普遍现象。

口道缝隙周围的腺体，包括瓣盖和领圈上的腺体，毛柄都很短。远处的腺体毛柄则较细长，而且向内伸展。这些腺体正好位于从泡囊口道排出的液体经过之处。通过把没有受伤的泡囊浸泡在各种溶液中的实验，可看出瓣盖闭合紧实，污水很难排出。不过，一个泡囊通常能捕捉多只动物，每次有新鲜猎物闯进去时，肯定会有污水排出来，冲刷这些腺体。另外，我曾多次看到，轻挤内有空气的泡囊，口道就会排出一些小小的气泡。要是把一个泡囊放在吸水纸上轻挤，也会排出一些水。在后一种情况中，要是压力消散，空气就会进入，泡囊再次恢复原状。再次浸泡在水中轻挤，口道还会排出小小的气泡，而其他地方并不会排出气泡，由此可见泡囊完好无损。总而言之，一个泡囊装满水后，要是分泌液体的话，肯定会从口道里排出来。因此，口道周围的腺体能够吸收从含有腐败动物的泡囊内排出的污水里的某种物质。

为了验证这个结果，我使用各种溶液来测试这些腺体。用铵盐溶液测试，因为动物性物质在水中腐败后，肯定会产生铵。可惜，这些腺体长在泡囊里，完整无缺时无法仔细观察。因此，把泡囊顶端，包括瓣盖、领圈和触须都切下来才能观察腺体的情况。将其放在显微镜下，在盖玻片上滴入溶液，过一段时间后继续观察。下面的实验都是以这样的方式进行的。

●把1份白糖和1份树胶分别兑218份水，取这两种溶液做实验。观察切下来的泡囊，过了2小时30分钟，其中一个泡囊的顶端没有明显变化；过了23小时，剩余3个泡囊，也没有发生任何明显的变化。

●把1份碳酸铵兑218份水，将2个长有无色腺体的泡囊顶端浸泡其中。在5分钟内，大部分腺体的原生质略微收缩，浓缩成浅褐色的斑点或者小片。过了1小时30分钟再观察，大部分又恢复原状。再把1份碳酸铵兑437

份水，将第三个泡囊顶端浸泡其中。过了1小时，腺体呈浅褐色，含有很多颗粒物。

●把1份硝酸铵兑437份水，将4个泡囊顶端浸泡其中。过了15分钟，其中一个泡囊的腺体好像产生了变化。过了1小时10分钟，这些腺体发生了巨大的变化，多数原生质都稍微收缩了，含有很多颗粒物。第二个泡囊顶端的腺体，过了2小时，原生质变成褐色，发生了显而易见的收缩。其他2个泡囊顶端的腺体也发生了同样的反应，不过是在21小时之后才观察到。它们大部分腺体的细胞核明显增大。取生活在清水中的一棵植株上的5个泡囊，观察发现上面的腺体没有发生任何变化。把植株剩下的部分浸入同样浓度的硝酸铵溶液中，过了21小时，再检查上面的2个泡囊，腺体变成了褐色，原生质也发生了轻微的收缩，而且含有颗粒物。

●把1份硝酸铵和1份磷酸铵分别兑437份水，再将2种溶液混合。取一个绝对干净的泡囊顶端，滴几滴混合溶液。过了2小时，一些腺体变成了褐色。过了8小时，所有长圆形的腺体都变成了褐色，与原来相比有些混浊，原生质发生了轻微的收缩，且有少量的颗粒物发生了聚集。球形腺体依然呈白色，而原生质已分裂成三四个小小的透明球形，基部中间有一块不规则收缩的团块。过了几小时，小点的透明球形发生变形，有一些则彻底消失。到了第二天早上，也就是过了23小时30分钟，透明球形全都消失了，腺体变成了褐色，原生质浓缩成球形，就在细胞中央。长圆形腺体的原生质颜色维持不变，但发生了聚集。

●把1份糖兑218份水，取此溶液处理一个泡囊顶端，过了21小时，没有发生任何变化。在同一个泡囊上滴几滴相同浓度的铵盐混合溶液，过了8小时30分钟，所有腺体变成了褐色，原生质发生了轻微的收缩。

●把腐坏的生肉汁滴到4个泡囊顶端，过了几小时，腺体没有发生任何变化；过了24小时，大部分腺体都变成了褐色，与原来相比有些混沌，含有显而易见的颗粒物。这4个泡囊顶端与经过铵盐处理的泡囊顶端相同，细胞核增大、变硬，但数量极少。把新鲜的生肉汁滴入另外5个泡囊顶端，过了24小时，其中3个没有发生任何变化，另外2个的腺体中的颗粒物增多。在没有变化的3个泡囊顶端，取其中一个滴入铵盐混合溶液，过了25分钟，腺体出现四五个颗粒物，有的多达数十个；又过了6小时，原生质发生了巨大的收缩。

●观察一个泡囊顶端，所有的腺体呈无色，原生质也没有收缩，但大部分的长圆形腺体内出现了颗粒物。把1份尿素兑218份水，取几滴此溶液滴入这个泡囊顶端。过了24小时25分钟，圆形腺体依然呈白色，不过长圆形腺体已经变成了褐色，原生质也发生了巨大的收缩，一些有明显的颗粒物。又过了9小时，一些圆形腺体也变成了褐色；长圆形腺体变化更大，所含颗粒物明显减少，细胞核增大，似乎吞并了一些颗粒物。又过了23小时，所有腺体都变成了褐色，原生质发生明显的收缩，许多已经分裂。

●用一个污水中的泡囊顶端做实验，圆形腺体呈无色，原生质发生了轻微的收缩；长圆形腺体变成褐色，原生质发生了不规则的巨大收缩。把上述浓度的尿素溶液滴入泡囊顶端，过了9小时，没有任何反应。过了23小时，圆形腺体变成了褐色，原生质发生了明显收缩，其他腺体变成了深褐色，原生质浓缩成不规则的团块。

●再找2个泡囊顶端，腺体呈无色，原生质没有收缩，同样滴入上述浓度的尿素溶液。过了5小时，许多腺体变成了浅褐色，原生质也发生了轻微的收缩。过了20小时40分钟，其中少数腺体变成了褐色，内有不规则的团块聚集起来；另一些腺体仍无色，但原生质发生了轻微的收缩。腺体后来都没再发生变化。

这个例子非常好，足以说明同一个泡囊的各个腺体反应各不相同；在污水中生活的狸藻植株，通常也会发生这种情况。

●另取2个泡囊顶端，滴入制成后在温暖房间里放置了几天的尿素溶液。过了21小时，通过显微镜观察到腺体没有发生任何变化。

●把1份尿素兑437份水，取此稀溶液滴到6个泡囊顶端（滴之前先仔细检查一下）。其中一个泡囊顶端，过了8小时30分钟，腺体变成了褐色，原生质发生了收缩，并出现了颗粒物。第二个泡囊顶端，实验前受到了污水的作用，腺体形态各异，原生质发生了收缩，少数腺体变成了褐色；实验后，过了3小时12分钟，之前无色腺体的原生质发生了轻微收缩。23小时后，腺体出现颗粒物。另外4个泡囊，在3小时30分钟、4小时、9小时的时候检查，多数长圆形腺体变成了褐色，而且褐色和无色的原生质都发生了收缩，出现了聚集起来的小团块。

吸收物质情况的总结

上述事实说明瓣盖和领圈上的腺体都能从稀铵盐溶液、尿素溶液和腐坏的生肉汁中吸收物质。不过，我还没有见过腺体分泌液体，只有浸泡在酒精里，才会偶尔看到腺体表面有细丝辐射出来。吸收物质引起的腺体反应各不相同：

●腺体一般会变成褐色，有时候出现细小的颗粒物，有时候颗粒物稍微粗一些，有时候则是不规则的聚集起来的小团块；

- 细胞核有时候会增大；
- 原生质通常会收缩，有时候也会破裂。

污水中生长的狸藻植株，腺体内也会出现同样的反应。与长圆形腺体的反应不同，圆形腺体不太容易变成褐色，发生变化也异常迟缓。由此可见，这些腺体自然的功能并不相同。

需要注意的是，同一条枝叶上不同泡囊里的腺体，甚至同一泡囊内的同一种腺体，受污水的作用后实验的结果也会出现不相同的情况。这到底是因为污水量极小，只能对某些腺体发生作用，不能推及所有腺体，还是因为先天差异，我们不得而知。同一泡囊内的同一种腺体反应不同，也许是因为某些腺体已经从污水中吸收了极少的物质。在受到某些蒸气的作用时，同一片茅膏菜叶上的腺体，反应也各不相同。

腺体变成褐色，原生质发生轻微收缩时，再滴入已知有用的溶液，不会引发任何变化，或者发生的变化异常迟缓且轻微。然而，在只出现了极少的颗粒物时再滴入溶液，腺体则会发生变化。我还没能观察到，吸收了某种物质而反应强烈的腺体，可以恢复到无色均匀的状态，或者再次吸收物质。

从已知实验溶液的性质推测，狸藻腺体吸收的是含氮物质。然而，我们发现，已经变成褐色、原生质轻微收缩且发生了聚集的长圆形腺体，其内部并没有发生原生质特有的自发变化。另外，大一点的圆形腺体内，有许多小型透明的球形或不规则的团块缓慢地变形，最后聚集成位于中央的收缩团块。无论各种腺体的内部性质如何，污水或者含氮溶液中所含物质也许对狸藻植株有益，所以最终会转移到植株其他部位。

与四爪凸起和两爪凸起相比，这些腺体的吸收速度非常快。从它们偶尔能从泡囊排出的污水中吸收物质这一点来看，它们能比那些凸起更快地发生作用，因为那些凸起长期接触捕捉到或已烂在泡囊里的猎物，已经变得迟钝了。

从上述实验和观察中可以得出，泡囊没有能力消化动物性物质，虽然四爪凸起会对新鲜生肉汁产生轻微的反应。泡囊里面和外面的腺体，能够从铵盐溶液、腐坏的生肉汁和尿素溶液中吸收物质。腺体受到尿素溶液的作用，与四爪凸起和两爪凸起相比，强而有力，而受到生肉汁的作用较弱。尿素溶液的情况尤其值得关注，因为它对能够消化新鲜动物性物质的茅膏菜并没有起任何作用。有一个至关重要的事实，在狸藻含有腐烂动物的泡囊里，四爪凸起和两爪凸起里通常都有原生质团块，能够自发运动，但是空无一物的泡囊里的这两种凸起则没有。

泡囊的发育

我们父子二人花了很多时间研究囊泡的发育，但收获甚小。我们主要观察英国狸藻和狸藻，以狸藻为主。这是由于狸藻的泡囊比英国狸藻的泡囊大2倍。茎在入秋时长成大型的顶芽，在冬天凋零，落到水底休眠。顶芽幼叶上的泡囊尚处于早期发育，且发育程度不同。当狸藻的泡囊直径长到0.254毫米，英国狸藻的泡囊直径长到0.13毫米时，泡囊的外观呈圆形，横向的口道狭窄，看上去完全闭合，里面充满水。小于此直径的泡囊内部一般充满了空气，口道或者朝向内侧，或者朝向植株的主轴。在这个时期，泡囊扁平，口道位于扁平面上。这点和成熟泡囊不同。成熟后的道口面与扁平面垂直。

泡囊外，长形细胞构成了一束导管，沿着短柄向上，在泡囊基部分叉，一部分延伸到泡囊背面的中间，另一部分延伸到腹面的中间。成熟泡囊腹侧支脉沿着领圈往下再分叉，分别向前伸到瓣盖的边缘和领圈相接的地方；不成熟的泡囊则没有这些分叉。

我沿中线将一个狸藻切开，切面贯穿囊柄，在两条新长成的触须中间。该泡囊直径长约0.25毫米，很软，瓣盖和领圈隔得较远（自然状态下通常比这离得近）。瓣盖和领圈很明显是囊壁向内弯曲的延伸。发育早期，瓣盖已有腺体，触须只是微小的细胞性凸起，很快就会长出初期的刚毛。由于触须不在剖面上，所以没有画出来。观察5个泡囊，刚长出来的两条触须长短不一。假如按照我的想法，它们是从泡囊底端由叶的两个裂片发展而来的。那么这个事实便容易理解了，因为真叶在发育时，两个裂片并不是对称生长的，一定是先后发育的。

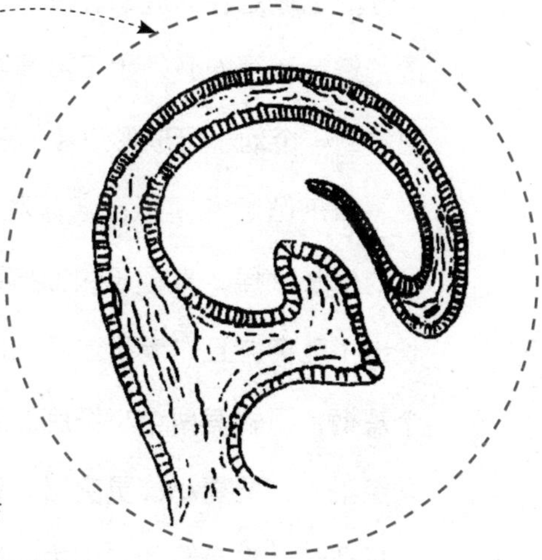

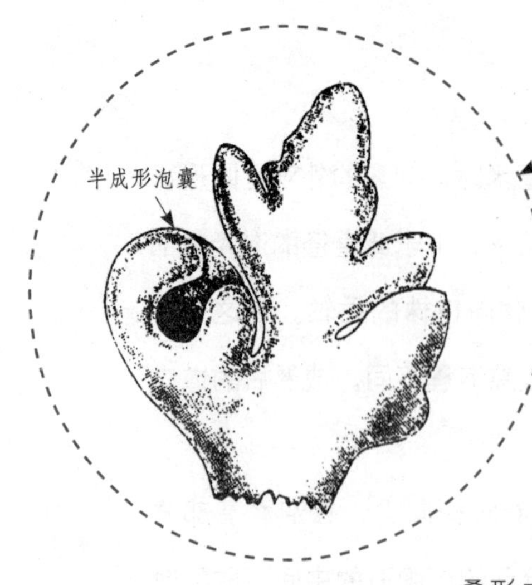

发育早期，也就是嫩芽上的幼叶，上面半成形的泡囊形状各异，直径仅长0.0846毫米。这个阶段的幼叶，具有扁平宽阔的节段，以后会发育成裂片。在我儿子观察过的许多植株中，未成形的泡囊好像是由顶端和有隆起的侧面朝反方向折叠形成的。折叠的顶端和隆起之间，有个圆形的空隙，后来收缩成狭窄的口道，之后长出了瓣盖和领圈。泡囊是由叶的其他部分的边缘汇合而成的。然而，这个结论并不可靠，因为如果真是这样的话，瓣盖和领圈必须始于顶端和隆起边缘对称的发展。在发现一个半成形泡囊到一个幼小已成形泡囊的过渡阶段之后，我们才能得出确切结论。

四爪凸起和两爪凸起是狸藻属植株的最大特点。我曾仔细观察过它们的生长过程。直径长约0.25毫米的泡囊内，与大细胞交汇的小细胞边缘长出了乳突，且布满了泡囊的内壁。乳突是极小的锥形瘤状凸起，缩成一个短柄，顶端有两个小细胞。它们的位置与外观，和泡囊外面及叶片上的乳突不同，要更小、更突出。顶端的两个小细胞很快就分离，形成初期的四爪凸起。在有限的空间内，这两个新细胞无法再延长，只能彼此重叠一部分。它们的生长方式也发生了变化，顶端不再生长，侧面继续伸长。下方的两个细胞，有一部分与上方的两个细胞重叠，剩下的则伸展成为竖直而较长的那两只爪，上方的两个细胞反而较短，是水平方向的两只爪，这样一个四爪凸起就形成了。在两只长爪的基部还能看到，乳突顶端的两个细胞之间间隔的痕迹。四爪凸起的发育会随时终止。我曾经看到过一个泡囊，直径长约0.51毫米，只有原始的乳突。我还见过另一个泡囊，发育停留在成长中期，四爪凸起则处于发育的早期阶段。

我个人的看法是，两爪凸起的发育过程与四爪凸起相同，只是两个末端细胞没有横向分裂，而是纵向伸长。瓣盖和领圈上的腺体在发育初期就出现了。我们有理由推测，它们是由凸起发育而成的，与泡囊外的乳突类似，只不过顶端细胞没有分裂成两个细胞。形成腺体毛柄的两个节片，类似于四爪凸起和两爪凸起的锥形瘤状凸起和短柄。紫晶狸藻的泡囊从腹面外侧到囊柄布满了腺体，这更让我相信腺体是由凸起发育而成的，与泡囊外的乳突类似。

总结

常见的各种高等植物都是由根系从土壤中吸收所需的无机物质，通过茎叶从空气中吸取二氧化碳进行光合作用。然而，本书介绍了一些能消化并吸收动物性物质的植物，如茅膏菜属、捕虫堇属等，以后也许会有新的种类补充进来。这些植物能够消化并吸收植物性物质，如花粉、种子、叶片的小片。毋庸置疑，它们的腺体也能够吸收雨水中的铵盐，某些植物的腺毛也能吸收铵盐，以此来获得好处。有一些植物，如狸藻属和亲缘相近的几个属，无法消化却能吸收捕获动物的腐烂残骸中的物质。根据米利查姆博士和坎比博士的仔细观察，瓶子草和眼镜蛇瓶子草无疑也属于这一类，不过还未经证实。

席姆帕尔在《食虫植物小记》一文中，证实了紫瓶子草的瓶状叶能够吸收某种腐烂残骸中的物质。叶基的表皮细胞，在有腐烂残骸时，会发生明显的变化，类似于茅膏菜的聚集现象。细胞液中含有许多单宁，发生聚集现象时，液泡被几个折光力强大的点滴替代，过程与德弗里斯记录的液泡的收缩和分裂相像。席姆帕尔推测，受到刺激后，细胞液把部分水分让给原生质，由此膨胀的原生质里就包含了单宁浓缩液滴。因此，与未受刺激之前相比，原生质容积增加。《食虫植物小记》一文还翔实地记录了瓶子草的瓶状叶。

另外有一些植物现已得到证实，如鸟巢兰等，能够吸收腐烂的植物性物质。最后，还有一群寄生物，如菟丝子，以寄居植物的汁液为食。不过，大多数的寄生植物都是从空气中获得它们的碳素，如同普通植物那样。以上便是高等植物赖以生存的、已经证实的、各式各样的方法。